Norbert W. Roland

Die Anwendung der Photointerpretation zur Lösung stratigraphischer und tektonischer Probleme im Bereich von Bardai und Aozou (Tibesti-Gebirge, Zentral-Sahara)

BERLINER GEOGRAPHISCHE ABHANDLUNGEN

Herausgegeben von Jürgen Hövermann, Georg Jensch, Hartmut Valentin, Wilhelm Wöhlke

Schriftleitung: Dieter Jäkel

Heft 19

Norbert W. Roland

Die Anwendung der Photointerpretation zur Lösung stratigraphischer und tektonischer Probleme im Bereich von Bardai und Aozou ⟨Tibesti-Gebirge, Zentral-Sahara⟩

Arbeit aus der Forschungsstation Bardai/Tibesti

(35 Abbildungen, 10 Figuren, 4 Tabellen, 2 Karten)

1973

Im Selbstverlag des Institutes für Physische Geographie der Freien Universität Berlin
ISBN 3-88009-018-1

Inhalt

	Vorwort	7
1.	*Einleitung*	7
2.	*Technische Voraussetzungen zur geologischen Luftbildinterpretation*	8
2.1	Karten- und Luftbildmaterial	8
2.2	Vorarbeiten zur Erstellung photogeologischer Karten	8
2.3	Fehlerbesprechung	9
3.	*Arbeitsmethoden*	10
3.1	Identifikation — Komparation — Deduktion	10
3.2	Photoschlüssel	10
3.2.1	Der Grauton	10
3.2.2	Die Entwässerungsdichte	11
3.2.3	Die Kluftdichte	12
3.3	Modell Bardai — Analogon Aozou	13
4.	*Die Ergebnisse der qualitativen und quantitativen Luftbildanalyse*	13
4.1	Entwässerungsnetz	13
4.2	Lithologie und Stratigraphie	16
4.2.1	Die Metamorphite	16
4.2.1.1	Das regionalmetamorphe Tibestien	16
4.2.1.2	Der kontaktmetamorphe Sandstein	17
4.2.2	Die Sedimentite	17
4.2.2.1	Basissandstein (BS)	18
4.2.2.2	Quatre-Roches-Sandstein (QRS)	19
4.2.2.3	Tabiriou-Sandstein (TS)	21
4.2.2.4	Eli-Yé-Sandstein (EYS)	25
4.2.2.5	Normalprofil durch die Sedimentite im Gebiet zwischen Bardai und Aozou	26
4.2.3	Die Magmatite	27
4.2.3.1	Saure Intrusionen	27
4.2.3.2	Extrusivkuppen	28
4.2.3.3	Ignimbrite	30
4.2.3.4	Schlote	30
4.2.3.5	Deckenbasalte	31
4.2.3.6	Konkordante Gänge (Sills)	31
4.2.3.7	Diskordante Gänge	32
4.2.4	Die Sedimente	32
4.3	Tektonik	32
4.3.1	Die Photolineationen und ihre Untergliederung (Definitionen)	33
4.3.2	Die gesteinsspezifische Klüftigkeit	35
4.3.3	Der Klüftigkeitsindex der untersuchten Gesteinseinheiten	35
4.3.4	Die Richtungsverteilung der Photolineationen	36
4.3.5	Die bruchtektonischen Großstrukturen (Vertikal- und Horizontalbewegungen)	38
4.3.6	Die Faltenstrukturen	41
5.	*Zusammenfassung*	41
5.1	Inhaltsangabe und Schlußbetrachtung	41
5.2	Abstract	43
5.3	Résumé	44
6.	*Literaturverzeichnis*	45
7.	*Verzeichnis der Abbildungen, Figuren, Tabellen und Karten*	47
7.1	Verzeichnis und Daten der im Bildteil enthaltenen Abbildungen	47
7.2	Verzeichnis der im Text verwandten Figuren	48
7.3	Verzeichnis der Tabellen	48
7.4	Verzeichnis der in der Kartentasche enthaltenen Beilagen	48

Vorwort

Die vorliegende Arbeit wurde in den Jahren 1970-72 am Institut für Angewandte Geologie, Fachbereich 24 — Geowissenschaften, der Freien Universität Berlin durchgeführt. Für die Vergabe der Arbeit und ihre Betreuung möchte ich Herrn Prof. Dr. F. K. LIST und Herrn Prof. Dr. H.-J. SCHNEIDER herzlich danken, ebenso Herrn Prof. Dr. J. HÖVERMANN, der mir den Aufenthalt in der Forschungsstation der FU Berlin, in Bardai (Rep. Tschad), ermöglichte.

Für die Einführung in die Arbeitstechnik bei photogeologischen Luftbildinterpretationen gilt mein besonderer Dank Herrn Ass. Prof. Dr. D. HELMCKE, dem ich ebenso wie Herrn Prof. Dr. D. JÄKEL und Herrn Dr. D. BUSCHE für manche Diskussion regional- oder photogeologischer Probleme dankbar bin.

Die saubere Ausführung der Zeichnungen und Karten verdanke ich Frau R. TIMM (Institut für Angewandte Geologie) sowie Herrn J. SCHULZ und Herrn R. WILLING (Geomorphologisches Laboratorium). Für ihr Entgegenkommen und ihre Beratung möchte ich ihnen herzlich danken.

Nicht unerwähnt bleiben soll die Hilfe der DEUTSCHEN BOTSCHAFT, Fort Lamy (Rep. Tschad), die mir die Rückreise von Fort Lamy in dankenswerter Weise erleichtert hat.

Last not least danke ich HEIDRUN für ihr Verständnis und ihre Geduld. Sie hat damit ebenfalls einen Beitrag zum Gelingen der Arbeit geleistet.

1. Einleitung

Das Tibesti-Massiv — neben Aïr und Hoggar eines der Zentralgebirge der Sahara — liegt auf halbem Wege zwischen Großer Syrte im Norden und Tschad-See im Süden. Es erstreckt sich zwischen dem 19. und 24. Grad nördlicher Breite und dem 15. und 20. Grad östlicher Länge. Seine Fläche umfaßt rund 80 000 km², von denen über 1000 km² — an der Nordabdachung des Tibesti, zwischen Bardai und Aozou gelegen — hier erstmalig genauer geologisch beschrieben und im Kartenbild dargestellt werden.

Im gesamten Tibesti herrschen aride bis extrem aride Klimabedingungen vor. Die Niederschlagsmengen liegen für Bardai im Mittel bei 20 bis 30 mm/Jahr. Die relative Luftfeuchtigkeit ist infolgedessen sehr gering. Sie beträgt durchschnittlich 8 bis 12 %, sinkt aber häufig bis auf 5 % oder darunter ab (HECKENDORFF, 1972). Die Vegetation ist vorwiegend an die Trockentäler, und hier besonders an die kultivierten Oasen gebunden.

Die Erforschung dieses Wüstengebirges vollzog sich in mehreren Etappen. Nach den ersten geographischen und geologischen Untersuchungen, die am Ende des 19. Jahrhunderts mit den Entdeckungsreisen von NACHTIGAL (1889) ihren Anfang nahmen, waren es vor allem die Franzosen DALLONI (1934), GEZE (1958), TILHO (1920), VINCENT (1963) und WACRENIER (1958), die die Tibesti-Forschung vornehmlich in der ersten Hälfte dieses Jahrhunderts vorantrieben. Neue Impulse gingen in den 60er Jahren von der Erforschung Libyens im Zuge der Erdölexploration aus. Hier ist besonders KLITZSCH (1965, 1970) zu nennen, der die Strukturgeschichte der Sahara und die regionalgeologische Stellung des Tibesti erhellte. Nicht zu vergessen sind die zahlreichen, meist morphologischen Arbeiten, die seit 1964 von Bardai aus durchgeführt werden, wo die FREIE UNIVERSITÄT BERLIN eine Außenstation unterhält (HÖVERMANN, 1965).

Dennoch sind noch viele Fragen offen. Das Alter des von Metamorphiten und Vulkaniten umschlossenen Sandsteinkomplexes zwischen Bardai und Aozou — der u. a. auch Gegenstand vorliegender Untersuchung ist — konnte bisher nur teilweise gelöst werden (ROLAND, 1971). Infolge klimatischer, ökonomischer und politischer Faktoren wird eine intensivere Bearbeitung des Tibesti mit herkömmlichen Arbeitsmethoden (z. B. Kartierung und Profilaufnahme während eines Geländeaufenthaltes) auch nicht durchführbar sein.

Statt dessen bieten sich neben kleinmaßstäblichen Satellitenphotos (MORRISON und CHOWN, 1965; MESSERLI, 1970; PESCE, 1968; VERSTAPPEN und van ZUIDAM, 1971), die sich speziell für die Erkundung regionalgeologischer Großstrukturen eignen, besonders Luftbilder mittlerer Maßstäbe zur Auswertung an. Die ariden Klimaverhältnisse, die sich erschwerend auf die Geländearbeiten auswirken, erweisen sich bei photogeologischen Luftbildanalysen als außerordentlich vorteilhaft, da Bodenbildungen und Pflanzenwuchs fast völlig fehlen.

Diese Tatsache nutzten bereits LIST und STOCK (1969) und STOCK (1970 bzw. 1972), die die Metamorphite des nördlichen Tibesti bearbeiteten. Eine weitere photogeologische Arbeit (LIST und HELMCKE, 1970) hatte die lithologische und tektonische Kontrolle von Entwässerungssystemen im präkambrischen und vulkanischen Bereich zum Thema. Eine spezielle, photogeologische Bearbeitung der Trou-au-Natron-Caldera, SE des Toussidé-Gipfels, wurde von ROLAND (1974) durchgeführt.

Die vorliegende Arbeit ist das Ergebnis einer Untersuchung an dem ca. 2200 km² großen Sandsteinkomplex zwischen Bardai und Aozou.

Es hat sich als vorteilhaft erwiesen, den Arbeitsgang einer photogeologischen Kartierung in folgende drei Phasen zu unterteilen:

1. Vorarbeiten
2. Geländekontrolle
3. Auswertung.

Die Vorarbeiten erforderten ca. drei Monate Zeit, während der das vorhandene Luftbildmaterial gesichtet, interessante Bereiche ausgewählt und in einem Luftbildmosaik zusammengestellt wurden. Da bereits eine Untersuchung der Metamorphite (Tibestien) von STOCK (1972) in Angriff genommen worden war, bot sich eine Bearbeitung des zwischen Bardai und Aozou liegenden Sandsteinareals an. Die Luftbilder dieses Bereiches sind dann in einer ersten, intensiveren Sichtung auf Informationsgehalt und Qualität geprüft, diejenigen der unmittelbaren Umgebung von Bardai bereits unter dem Spiegelstereoskop interpretiert worden. Bereiche unsicherer Interpretation wurden markiert und in der 2. Phase des Bearbeitungsprozesses durch Geländekontrollen überprüft.

Die Geländekontrollen — für die ebenfalls drei Monate angesetzt waren — wurden im Frühjahr 1970 von Bardai aus durchgeführt. Aus innenpolitischen Gründen war es nicht möglich — und wie sich später herausstellte auch nicht erforderlich — die Geländearbeiten auf die weitere Umgebung von Bardai oder gar auf den Aozou-Bereich auszudehnen.

Die 3. Phase umfaßte die Auswertung der Luftbilder an einem Stereokartiergerät sowie alle zur Anfertigung der Karten erforderlichen Arbeiten.

Neben der Darstellung bisher unbekannter, regionalgeologischer Sachverhalte sollte besonders die Möglichkeit einer tektonischen, lithologischen und vor allem auch stratigraphischen Erkundung eines nahezu unbekannten Bereiches mit Hilfe der Photogeologie ausgelotet und diskutiert werden.

Ist es doch gerade die Photogeologie, der im Zuge von Rationalisierung und Steigerung der „efficiency" geologischer Vorerkundungen für Erdöl-, Hydro-, Montan- und Ingenieurgeologie wachsende Bedeutung zukommt. So schrieben RAY und FISCHER (1957: 725) bereits vor 15 Jahren: „aerial photographs ... add speed, economy and accuracy to geologic mapping as well as certain geologic information impossible, difficult, or economically infeasible to obtain by routine field-mapping methods." Sie vertreten jedoch die Meinung, daß Luftbilder kein Ersatz für Geländearbeiten werden dürfen: „they must remain principally an aid, or tool, in geologic mapping".

Dem kann nur bedingt zugestimmt werden. Hier soll gezeigt werden, *daß die Geländekontrolle eines kleinen Testbereiches ausreicht,* ein unbekanntes, nie betretenes Gebiet unter verschiedenen Voraussetzungen mit gleicher Genauigkeit zu kartieren.

2. Technische Voraussetzungen zur geologischen Luftbildinterpretation

2.1 Karten- und Luftbildmaterial

Folgende Karten standen während der Luftbildauswertung zur Verfügung:

Carte géologique du nord-ouest de l'Afrique, Sahara Central (2ième édition — 1962) Maßstab 1 : 2 000 000;

Carte géologique provisoire du Borkou-Ennedi-Tibesti au 1/1 000 000 par Ph. WACRENIER (1958);

Carte de l'Afrique — 1/1 000 000; Blatt DJADO: NF 33;

Minute photogrammétrique — 1 : 200 000; Blatt BARDAI: NF-33-XI

Minute photogrammétrique — 1 : 200 000; Blatt AOZOU: NF-33-XII.

An Luftbildmaterial wurden Aufnahmen des INSTITUT GEOGRAPHIQUE NATIONAL (Paris) benutzt. Es handelt sich hierbei um Kontaktkopien auf normalem Photopapier, Format 18 × 18 cm, im ungefähren Maßstab 1 : 50 000 und zwar:

Serie NF 33 XII (1955): Nr. 10-24, 41-53, 66-68, 80-91, 110-116, 193-208. Kammerkonstante 124,78 mm; Flughöhe über NN: 8250 m; Bewölkung: leichter Zirrusschleier, ab Bild 65-188 auch Cumulus. Bildflug 16.-17. 7. 1955;

Serie NF 33 XII (1956-57): Nr. 15-24, 33-40, 91-102, 162-170. Kammerkonstante 124,78 mm; Flughöhe über NN: 7350-8650 m; Bewölkung: Bildflug am 5. 10. 56 wegen Cumulus-Bewölkung unterbrochen. Am 25. 10. 56 Zirrus-Bewölkung. Bildflüge 5. 10. 1956 und 25. 10. 1956;

Serie NF 33 XI (1956-57): Nr. 248-250, 272-276. Kammerkonstante 124,78 mm; Flughöhe über NN: 7050 bis 9050 m; Bewölkung: Zirren. Bildflug: 18.-19. 10. 1956.

Daneben standen Aufnahmen der AERO EXPLORATION (Frankfurt/Main) aus der Umgebung von Bardai zur Verfügung, die bei einem Bildformat 23 × 23 cm einen Maßstab von ~ 1 : 20 000 aufweisen.

Es handelt sich um folgende Aufnahmen:

Block E: Nr. 5218-5228, 5258-5268, 5278-5290. Kammerkonstante 153,34 mm; Flughöhe über NN: ca. 4300 m; Bildflug: 9. 2. 1965.

Während die Luftbilder im Maßstab 1 : 20 000 dank ihrer höheren Informationsdichte sich sehr gut zu Detailbeobachtungen eignen, ergeben die Aufnahmen im Maßstab 1 : 50 000 einen besseren Überblick und erleichtern wesentlich die Auswertung großräumiger Bereiche, wie es sich für die Zielsetzung vorliegender Arbeit als nötig erwies.

2.2 Vorarbeiten zur Erstellung photogeologischer Karten

Zur Darstellung der Interpretationsergebnisse in einer photogeologischen Karte muß die Zentralperspektive der Luftbilder in eine, für die Karte geforderte Orthogonalprojektion überführt werden. Dies kann an einem Kartiergerät erfolgen, z. B. dem ZEISS-Stereotop, das für die vorliegende Arbeit verwendet wurde.

Da die zur Einpassung der Luftbilder am Stereotop erforderlichen vier Paßpunkte pro Stereomodell den Karten im Maßstab 1 : 200 000 nicht zu entnehmen waren, wurde zuerst eine Radialschlitztriangulation durchgeführt. Dieses mechanische Triangulationsverfahren ermöglicht alle zu bearbeitenden Flugstreifen in einen Triangulationsverband einzuhängen und mit einem Minimum an bekannten Paßpunkten, die den Kartenunterlagen entnommen werden, eine ausreichende Zahl neuer Punkte zu ermitteln. Die hierzu benötigten Schablonen wurden mit Hilfe eines ZEISS-Radialsecators RS II gestanzt (über die Arbeitstechnik siehe BURKHARD et al., 1944; FINSTERWALDER und HOFMANN, 1968).

Das in sich abgeglichene Paßpunktnetz, das man durch die Radialschlitztriangulation erhält, dient als Kartengrundlage. Alle nun am Stereotop auszuwertenden Modelle müssen in dieses Netz eingepaßt werden. Auftretende Grundrißverzerrungen können teilweise durch die mechanischen Rechner des Stereotops ausgeglichen werden. Restfehler führen zu Lageungenauigkeiten — im vorliegenden Fall bis zu 1,5 mm im Modell — die sich jedoch nicht von Modell zu Modell summieren und aus geologischer Sicht toleriert werden können.

2.3 Fehlerbesprechung

Wenn die vom Hersteller angegebene Lagegenauigkeit von 1 ‰ der Grundrißentfernung während der Schlitztriangulation und der Interpretation am Stereotop mit Sicherheit nicht immer erreicht wurde, so hängt das von folgenden Faktoren ab:

— von der Präzision der Bildflüge,
— von der Qualität des Schablonenmaterials,
— von der Größe des Triangulationsverbandes im Verhältnis zur Dichte und Verteilung der Paßpunkte.

Es ist verständlich, daß bei einem großen Triangulationsverband eine entsprechend hohe Zahl von „Ausgangs-Paßpunkten" die Lagegenauigkeit der Auswertung erhöht. Erschwerend wirkte hier jedoch die Tatsache, daß von den vielen, in den Luftbildern ausgewählten, wohl definierten Punkten nur wenige mit gleicher Präzision in den Rohkarten (Maßstab 1 : 200 000) festgelegt werden konnten.

Das Schablonenmaterial sollte im Idealfall maßhaltig, aber elastisch sein. Aus Kostengründen wurde statt Correctostat o. ä. feste Zeichenpappe verwendet. Hier können durch die in einem größeren Triangulationsverband auftretenden Spannungen bis zu 0,5 mm tiefe Ausbuchtungen an den radialen Schlitzen durch die Metallknöpfe hervorgerufen werden. Außerdem liegen die Luftbilder nur als nichtmaßhaltige Papierkopien vor. Dies führt zu einer geringeren Lagegenauigkeit, die aber aus geologischer Sicht toleriert werden kann, da die hieraus resultierenden Winkelabweichungen so gering sind, daß sie gegenüber Geländemessungen — für die man lediglich eine Genauigkeit von ca. 5° ansetzen kann — nicht ins Gewicht fallen.

Schwerwiegender können die Fehler sein, die während der Bildflüge auftreten, da sie nur in ganz beschränktem Maße nachträglich korrigiert werden können.

Für eine Triangulation größtmöglicher Genauigkeit müssen folgende Voraussetzungen erfüllt sein:

— die Überlappung der Luftbilder in Flugrichtung soll 60 %,
— die randliche Überlappung der Bildreihen 25 bis 30 % betragen,
— die Kammerachse soll keine Kippung aus der Vertikalen aufweisen,
— falls keine wirkliche Senkrechtaufnahme vorliegt und auch der Nadirpunkt nicht als Radialpunkt bestimmt werden kann, sollte die Morphologie keine hohe Reliefenergie besitzen.

Diesen Optimalforderungen standen in der Praxis folgende Sachverhalte gegenüber:

1. die Kippung der Kammerachse aus der Vertikalen übersteigt z. T. 4^g,
2. der Kippungswinkel ν ist nicht bekannt,
3. die Morphologie weist gleichzeitig größere Höhendifferenzen auf,
4. die Überlappung in Flugrichtung beträgt zwar meist 60 %, die randliche Überlappung statt 25 bis 30 % z. T. aber nur 2 bis 3 % oder weniger,
5. die durch Vignettierung hervorgerufenen dunklen Bilddecken der Luftaufnahmen erschweren die Fixierung der Rautenpunkte.

Zu dem ersten Punkt ist folgende Erklärung zu geben. Versorgungsflüge über der Südsahara werden von den Piloten möglichst frühmorgens durchgeführt, um die bei höherem Sonnenstand über den Sandflächen auftretenden Turbulenzen zu meiden. Wegen der langen Schlagschatten sind zu dieser Zeit jedoch Bildflüge wenig sinnvoll. Aus den vom IGN bekannt gegebenen Flugdaten geht hervor, daß die Bildflüge erwartungsgemäß zwischen 10.00 bis 14.00 Uhr durchgeführt wurden. Stärkere Turbulenzen waren zu erwarten und so treten auch über den Sandschwemmebenen bei Bardai und Zoui, ca. 9 km östlich Bardai, größere Kippungen und damit Verzerrungen der Luftbilder auf, die am Stereotop nicht mehr ausgeglichen werden konnten.

Deshalb wurde darauf verzichtet, die Luftbilder von Zoui sowie die nördlich Bardai folgenden Luftbildreihen in die Auswertung einzubeziehen, obwohl auch für diese Bereiche Geländekontrollen vorlagen. Dafür lag das Hauptgewicht auf der Luftbildanalyse des Aozou-Gebietes, das sich zudem in tektonischer und stratigraphischer Sicht als der interessantere Bereich erwies.

3. Arbeitsmethoden

3.1 Identifikation — Komparation — Deduktion

Zur schlüssigen Deutung eines geologischen Sachverhaltes ist es in den meisten Fällen erforderlich, eine Vielzahl von Einzelbeobachtungen heranzuziehen. Nach der Beobachtung, dem Erkennen des besonderen Sachverhaltes, folgt der Vergleich mit den bereits bekannten Tatsachen, zu denen an erster Stelle das Klima, die bereits erkannten tektonischen und stratigraphischen Verhältnisse und vieles andere mehr gehören. Auf den Vergleich folgt die Deduktion, die Ableitung des Einzelfalles aus den allgemeinen Gesetzmäßigkeiten. Man könnte also von folgenden sukzessiven Schritten bei der Interpretation sprechen:

Identifikation — Komparation — Deduktion

oder nach BURINGH (in FINSTERWALDER und HOFMANN, 1968: 395) von Identifikation — Systematische Analyse — Klassifikation — Deduktion.

Diese Arbeitsschritte müssen für verschiedene, meist in Photoschlüsseln zusammengefaßte Merkmalsgruppen durchgeführt werden, so z. B. für
— den Grauton,
— die Vegetation,
— die Erosionsresistenz,
— die Homogenität,
— die Oberflächenstruktur,
— die Morphologie,
— die topographische Position,
— die Entwässerungsdichte und
— die Klüftigkeit.

Nur bei gemeinsamer Betrachtung und gegenseitigem Abwägen aller Einzelbeobachtungen — von denen jede wiederum mehrere Deutungen zuläßt — kann eine möglichst fehlerfreie Schlußfolgerung erwartet werden. Dies wird nachfolgend an einem Beispiel demonstriert:

Auf einer von Sand überwehten Pedimentfläche zwischen Bardai und Zoui ist im Stereomodell eine z. T. leicht erhabene, SE-NW verlaufende und im NW in einem Bogen nach SW umbiegende Struktur dunklerer Färbung zu erkennen. Gleichzeitig zeigt sich auf dieser Struktur eine für aride Klimaverhältnisse üppigere Vegetation.

Folgende Möglichkeiten kommen nun in Betracht:
1. Für die morphologisch leicht erhabene *Form* können verantwortlich sein:
1.1 eine Verkieselung längs einer Störung bzw. Kluft ⟶ größere Erosionsresistenz
1.2 eine Frittung ⟶ Verfestigung des Nachbargesteins (z. B. bei einem Gang)
1.3 ein Materialwechsel im Sandstein bei gekippter Lagerung.
2. Die dunklere *Färbung* des Sandes kann folgende Ursachen haben:
2.1 Feuchtigkeitsaufstieg auf einer Kluft
2.2 Verkieselung längs einer Störung etc. ⟶ Verfestigung des Gesteins ⟶ stärkere Wüstenlackbildung
2.3 Materialwechsel, z. B. dunkles Sedimentgestein, basaltischer Detritus.

3. Die stärkere *Vegetation* kann Hinweise geben auf
3.1 menschlichen Eingriff ⟶ Pflanzung
3.2 Feuchtigkeit
3.3 Materialwechsel ⟶ nährstoffreicher Boden.

Anhand der bekannten klimatischen Verhältnisse, der Luftbild- und evtl. der Geländebeobachtungen muß die Zahl der Möglichkeiten nun eingeschränkt werden:

1.1 scheidet aus, da auf einer verkieselten Störungsbrekzie sicherlich keine üppigere Vegetation gedeiht. Zudem wäre eine weniger weiche Morphologie und ein eher geradliniger Verlauf zu erwarten, wie Geländebeobachtungen bei Bardai zeigten (Abb. 35).
Für
1.3 ergibt sich aus der Beobachtung der Nachbarschaft des fraglichen Bereiches kein Hinweis.
Gegen
2.1 dürften die ariden Klimaverhältnisse und die morphologische Ausbildung sprechen.
2.2 ist dank seiner gebogenen Form wenn auch nicht auszuschließen, so doch als unwahrscheinlich anzusprechen.
3.1 läßt sich ausschließen, da eine unregelmäßige Verteilung der einzelnen Bäume, eine scharfe Begrenzung auf die dunkle Zone, kein Weg zu diesem Bereich und keine Umzäunung zu beobachten sind.
3.2 ist wie 2.1 auszuschließen.

Lediglich gegen 1.2, 2.3 und 3.3 sprechen keine Argumente. Hiernach müßte es sich bei dieser dunkleren, gebogenen und schwach erhabenen Struktur um einen von Sand überwehten, schmalen Gang handeln, auf dessen nährstoffreicherem Boden die ansonsten schüttere Vegetation etwas besser gedeiht. Die weiche, morphologisch erhabene Form dürfte in diesem Falle durch eine Frittung des angrenzenden Sandsteins hervorgerufen werden, wie es häufig bei basaltischen Gängen zu beobachten ist.

3.2 Photoschlüssel

Die obigen Merkmalsgruppen, wie Grauton, Vegetation etc., werden für die verschiedenen Gesteinseinheiten in Photoschlüsseln dargestellt (BIGELOW, 1963; FROST, 1953; KRONBERG, 1967 b; LIST, 1968; ROSCOE, 1955, u. a.). Da hierüber bereits einige Literatur veröffentlicht wurde, soll an dieser Stelle lediglich auf die wichtigsten Unterscheidungsfaktoren, den Grauton, die Entwässerungsdichte und die Klüftigkeit näher eingegangen werden, da ihnen in ariden Klimabereichen eine besondere Bedeutung zukommt (Tab. 1, 2).

3.2.1 Der Grauton

Jedes Material weist eine bestimmte Albedo auf; eine Basaltdecke z. B. 4 %, eine Sanddüne 37 %, frischer Schnee 85 % (nach BROCKHAUS-Taschenbuch der Physischen Geographie 1962). Diese unterschiedliche Albedo führt bei der Belichtung des Films zu einer z. T. sehr fein differenzierten Grautonabstufung. Da das menschliche Auge ca. 600 verschiedene Grautöne zu unterscheiden vermag, bieten sie eine gute Arbeitsbasis, auch wenn sie im Luftbild von einer Vielzahl objektabhängiger und objektunabhängiger Faktoren beeinflußt werden können, wie z. B. von dem Sonnenstand, der Hangexposition, der Rauigkeit der Gesteinsoberfläche, der Feuchtigkeit, der verwendeten Film-Filter-Kombination, der Steilheit der Gradation [γ] etc. Im V e r g l e i c h mit dem Nachbargestein ergeben sich jedoch meist recht typische Werte, so daß zwar nicht die absoluten, wohl aber die r e l a t i v e n G r a u w e r t e photogeologisch relevant sind. Um einen annähernd quantitativen Vergleich der Grautöne untereinander zu ermöglichen, wurden sie mit den Werten eines 20stufigen Aufsichts-Graukeils (AGFA-GAEVERT Aufsichts-Stufenkeil mit Konstante 0.1) verglichen, wobei Weiß den Wert 1, Schwarz den Wert 20 besitzt. Neben den oben aufgeführten Faktoren, die den Grauton beeinflussen können, tritt in ariden Klimaten in ganz entscheidendem Maße der W ü s t e n l a c k. Diese dunkle, meist aus Fe-Al-Oxidhydraten (FÜCHTBAUER und MÜLLER, 1970) bestehende Patina kann primäre Unterschiede der Gesteinsfarbe völlig verdecken. So wurde am NW-Ende der Flugplatzebene von Bardai ein weißer, quarzitischer Sandstein gefunden, der durch seine Patina äußerlich nicht von graubraunen oder rötlichvioletten Sandsteinen zu unterscheiden war. Hellere Farben werden somit auch im Luftbild nur in frischen Anschnitten erkennbar sein.

Diesem offensichtlichen Nachteil stehen jedoch erhebliche Vorteile gegenüber, denn die Stärke des Wüstenlackes wird zwar von dem Ausgangsmaterial (Fe-Gehalt etc., Permeabilität) und Klima beeinflußt, sie ist aber in jedem Falle auch als Funktion der Zeit aufzufassen, d. h. in ariden Klimaten ist d i e S c h w ä r z u n g d e r G e s t e i n s o b e r f l ä c h e b e i g l e i c h e m G e s t e i n d i r e k t p r o p o r t i o n a l z u r D a u e r d e r E x p o s i t i o n. Das führt z. B. dazu, daß ältere Terrassen bei ± gleichem Material meist dunklere Grautöne aufweisen.

Daneben wurde vom Verfasser beim Vergleich von Luftbildern beobachtet, daß Wüstenlackbildungen die relative Altersbestimmung präislamischer Gräber im Tibesti ermöglichen könnten. So scheinen die Gräber bei Aozou durchschnittlich jünger zu sein als diejenigen des über 500 Gräber umfassenden Feldes nördlich Zoui (GABRIEL, 1970) und auch jünger als die Mehrzahl des aus rd. 200 Gräbern bestehenden Feldes im Süden von Bardai. Diese Aussage wird durch jene schmalen, hellen Ringe ermöglicht, die die jüngeren Gräber umgeben und die durch das Absammeln von patiniertem, zum Bau der Gräber benötigten Materials entstanden sind. Eine Patina konnte sich zwischenzeitlich nur bei den älteren Gräbern neu bilden.

Aus dieser archäologisch interessanten Luftbildbeobachtung ließe sich bei bekanntem, absolutem Alter der Gräber die Dauer der zur Patina-Bildung benötigten Zeitspanne größenordnungsmäßig festlegen.

Der Wüstenlack ist aber auch von geologischem Interesse: da bei einem Gestein geringer Erosionsresistenz die Schicht- bzw. Oberfläche kürzere Zeit den atmosphärischen Einflüssen ausgesetzt ist als bei einem härteren Gestein, kann in vielen Fällen bereits im Luftbild bei eindimensionaler Betrachtung härteres Gestein von

weicherem anhand der unterschiedlich starken Patina getrennt werden. Die Interpretation im Stereomodell bestätigt diese Annahme meist durch gleichzeitig zu beobachtende dunkle Grautöne und positive morphologische Formen. Somit ist in beschränktem Maße eine Ansprache der Härte (= Erosionsresistenz) des Gesteins durch den Grauton möglich.

Da grob- und mittelklastisches Material zudem in ariden klimaten schneller verwittert als feinklastisches wird letzteres vorwiegend dunklere Oberflächen aufweisen. Neben der Härte kann demnach auch die Korngröße in groben Zügen angegeben werden.

Hierzu folgende Luftbild- und Geländebeobachtungen:

— Feinkörnigere Bänke im Tabiriou-Sandstein treten oft als Rippen oder kleinere, freigelegte Flächen auf, die generell dunklere Grautöne aufweisen.

— Lineare, dunkle Grautonanomalien innerhalb einer Gesteinseinheit können eine Störungsbrekzie bzw. eine Mylonitzone andeuten. Hier liegt eine Verquarzung entlang der Bewegungsbahn vor.

— Dunkle „Grauschleier" in Begleitung von basischen Gängen sind oft nicht auf vulkanisches Schuttmaterial zurückzuführen (da die Gänge meist randlich von Sandstein überragt werden), sondern auf eine Verfestigung des Sandsteins durch Kontaktmetamorphose.

— Neben linearen lassen sich auch flächige Grautonanomalien innerhalb einer Gesteinseinheit kartieren. Hierbei kann es sich um primäre Härteunterschiede handeln (siehe Tabiriou-Sandstein) oder um sekundäre. Letztere waren von besonderem Interesse, da es sich bei ihnen um flächige Frittungserscheinungen handelt, die durch Lagergänge (Sills) hervorgerufen wurden (Abb. 15).

Diese Beispiele dürften die Bedeutung des Grautons und speziell des Wüstenlackes für aride Klimabereiche dokumentieren.

Alle Luftbildbeobachtungen wurden im Gelände bestätigt bzw. im Falle der Sills durch Geländeuntersuchungen erst ermöglicht, da schichtkonkordante Gänge normalerweise für den Photogeologen zu den am schwersten zu interpretierenden Erscheinungen gehören. Es sei betont, daß die Sillflächen — bei denen n i c h t das magmatische Gestein im Luftbild beobachtet wird, sondern der quarzitisierte Sandstein im Hangenden oder Liegenden des Ganges — nur dann erkennbar sind, wenn sie flächenbildend auftreten. Ist diese Voraussetzung erfüllt und wird zudem eine konkordante Lagerung sowie eine Klüftigkeit größer als die des im Grauton ähnlichen Basaltes festgestellt, so darf mit einer Quarzitisierung des Sedimentgesteins gerechnet werden. In Gebieten mit häufig anzutreffendem Vulkanismus liegt es nahe, die Ursache dieser Quarzitisierung in der Intrusion von Lagergängen zu suchen.

3.2.2 Die Entwässerungsdichte

Die unterschiedliche Dichte von Entwässerungsnetzen wurde bereits von mehreren Autoren zur Differenzierung von Gesteinseinheiten genutzt, so von GHOSE et al. (1967), KRONBERG (1967a), LIST und STOCK

(1969), LIST und HELMCKE (1970), PARVIS (1950), RAY und FISCHER (1960) und ROLAND (1974). Auch bei der Luftbildinterpretation des Bardai-Aozou-Bereiches war dieser gesteinsspezifische Parameter eine Interpretationshilfe, auch wenn ihm dank der ariden Klimaverhältnisse und der dadurch möglichen direkten Beobachtung des anstehenden Gesteins eine geringere Bedeutung zukam.

RAY (1960: 17) schränkt allerdings die Brauchbarkeit der Entwässerungsnetz-Analyse ein. Er meint: „drainage is probably more significant as an indicator of structure than it is of lithology". Er verneint jedoch auch nicht die Möglichkeit über qualitative Studien — wie die Entwässerungsdichte — gewisse Beziehungen zwischen Entwässerungsnetz und Lithologie zu erhalten.

Die Entwässerungsdichte D ist nach HORTON (1945: 283) gleich der Gesamtlänge ΣL pro Flächeneinheit A, also:

$$D = \frac{\Sigma L}{A} \quad [\text{st. m.}^{-1} \text{ bzw. km}^{-1}]$$

RAY und FISCHER (1960) zeigten nun, daß im Gegensatz zu kleinen, individuellen Entwässerungsbecken, kreisförmige Beprobungsbereiche eher konstante Werte für jede Gesteinsart und jedes Gebiet ergaben. Sie sollen deshalb in der vorliegenden Untersuchung angewandt werden.

3.2.3 Die Kluftdichte

Ähnlich der Entwässerungsdichte ist auch die Kluftdichte Ausdruck unterschiedlicher Lithofazies und daher als gesteinsspezifischer Parameter zu verwenden.

Die unterschiedlichen Dichte-Werte kommen in dem Klüftigkeitsindex K zum Ausdruck, der nach LIST (1968) gleich der Anzahl der Klüfte/1 km² ist.

Die Möglichkeiten, die Klüftigkeit für die Luftbildinterpretation heranzuziehen, werden in Kap 4.3, speziell in Kap. 4.3.2, eingehend diskutiert.

Tabelle 1

Photoschlüssel der Sedimentgesteine

Gestein	Grauwert	Homogenität	Oberflächenstruktur und Morphologie	Entwässerungsnetz	Klüftigkeit
Basissandstein (BS)	5-8	relativ homogen	massig, nur geringe Eintiefung des Entwässerungsnetzes	angular, z. T. subparallel; D: 4,15	K: 5-15
Quatre-Rochessandstein (QRS)	4-6	relativ homogen	stark gegliedert, isolierte Felsgruppen	angular; D: 5,5-5,8	K: 15-35
Tabiriou-Sandstein (TS)	5-12	stark inhomogen	immer deutlich gebankt	angular-subparallel; D: 4,7-6,7	K: 5-10
Eli-Yé-Sandstein (EYS)	4-5	relativ homogen	massig, tiefe Taleinschnitte	subparallel-angular; D: 5,8-6,3	K: 5-15

Tabelle 2

Photoschlüssel der magmatischen Gesteine

Gestein	Grauwert	Morphologie und topographische Position	Klüftigkeit
Granite	8-10	meist rund-ovale Ausbisse	sehr gut (K: 10-20)
Ignimbrite	2 (b. Gonoa)	Flächen, auf Täler beschränkt	nicht erkennbar
Extrusionen	6-8	Kuppen mit rund-ovalem Querschnitt	gut, radiale Klüfte und Zwiebelschalenstruktur
Saure Gänge	6-8	gewundene, positive Formen	nicht erkennbar
Basaltschlote	9	z. T. völlig erodiert, positiver Rand, ovale Querschnitte	nicht erkennbar
Basaltdecken	9	meist Hochflächen bildend, relativ mächtig	nicht erkennbar
Sill (gefritteter Sandstein)	9-15	eben, geringmächtig, unterschiedliche Lagen	relativ gut
basische Gänge	9-10	gewundene Form, positiver Rand	nicht erkennbar

3.3 Modell Bardai-Analogon Aozou

Die Geländekontrollen erstreckten sich von Mouska über Bardai bis Zoui. Exkursionen wurden zusätzlich zum nördlichen Teil der Flugplatzebene von Bardai und nach Gonoa (an der Piste Bardai—Trou au Natron gelegen) unternommen. Von diesem erkundeten Gebiet aus sollte die Photointerpretation nach Norden vorgetrieben werden. Da dies — wie in Kap. 2.3 dargelegt — nicht möglich war, wurden schließlich zwei, durch einen >30 km breiten Streifen getrennte Gebiete untersucht: die Umgebung von Bardai und der Bereich südlich Aozou. Dies führte dazu, daß die Erfahrungen des bekannten „Modelles Bardai" auf den völlig unbekannten Aozou-Bereich extrapoliert werden mußten, ohne die Entwicklung des Zwischenbereiches zu kennen. Es zeigte sich, daß alle bei Bardai gesammelten Erfahrungen auf den Aozou-Bereich zu übertragen sind, d.h. der Photoschlüssel hat für beide Bereiche Gültigkeit. Neben dem „Modell Bardai" kann somit von einem „Analogon Aozou" gesprochen werden.

Eine Einschränkung muß jedoch hingenommen werden. Betrachtet man die Kriterien, die z. B. zur photogeologischen Unterscheidung von Basis- und Quatre-Roches-Sandstein (ROLAND, 1971) führten, so sind dies vorwiegend

— der Grauton,
— die Klüftigkeit, die beide von der Erosionsresistenz beeinflußt werden,
— die Erosionsresistenz, die von der Korngröße und der Diagenese abhängt und schließlich
— die Entwässerungsdichte, die unter anderem von der Permeabilität der Gesteine und deren Klüftigkeit beeinflußt wird.

Es ist demnach die Fazies eines Gesteines, von dem die einzelnen, photogeologisch wirksamen Parameter abhängen. Wenn nun die Möglichkeit einer stratigraphischen Parallelisierung aufgezeigt werden soll, so muß man bedenken, daß bei einer photogeologischen Auswertung Faziesgrenzen kartiert werden, die nicht zwangsläufig mit den Zeitgrenzen zusammenfallen müssen.

Hierzu folgendes Beispiel: östlich von Aozou wurde beobachtet, daß der Basissandstein relativ geringmächtig ist, verglichen mit der Mächtigkeit, die er westlich von Bardai aufweist. Dies kann zwei Ursachen haben:
1. Der Basissandstein keilt nach NE aus. In diesem Falle würde die kartierbare Gesteinsgrenze auch als Zeitgrenze aufzufassen sein.
2. Der Basissandstein — normalerweise fein- bis mittelsandig — wird östlich von Aozou zum Top hin grobsandig bis konglomeratisch. Damit würde er sich der Fazies des Quatre-Roches-Sandsteins angleichen und könnte im Luftbild auch für diesen gehalten werden. Die kartierte Grenze wäre also lediglich eine Faziesgrenze, die gegenüber der Schichtgrenze zu tief liegen würde.

Ohne eine im Luftbild erkennbare Diskordanz — bei Bardai ist die Grenze Basissandstein—Quatre-Roches-Sandstein lediglich als schwache Erosionsdiskordanz ausgebildet — ist eine Entscheidung über die Art und Aussagekraft einer Gesteinsgrenze nicht ohne weiteres möglich. Eine Weiterverfolgung der Faziesentwicklung nach Osten würde eventuell eine Lösung des Problems auf photogeologischem Wege erlauben, ist aber nicht durchgeführt worden, da sich die Metamorphite des Tibestien Inférieur und Tibestien Supérieur in einem 40 km breiten Gürtel zwischen den Bardai-Aozou-Sandsteinkomplex und den im Osten folgenden Komplex von Guézenti schieben. Eine Geländekontrolle bei Aozou müßte jedoch ebenfalls Aufklärung bringen.

Bis auf diese Ausnahme und einige lediglich im Norden vorkommenden Gesteinseinheiten ist ein Vergleich und eine Parallelisierung beider Sandsteinbereiche in allen Details durchführbar. Nachfolgend können daher die Ergebnisse der Luftbildanalyse — z. T. durch Geländeuntersuchungen bei Bardai gestützt und bereichert — en bloc dargestellt werden.

4. Die Ergebnisse der qualitativen und quantitativen Luftbildanalyse

Metamorphite, Sedimentite[1] und Sedimente konnten nach lithofaziellen Kriterien, Plutonite und Vulkanite nach ihrer genetisch bedingten Form und ihrem Chemismus differenziert werden. Dabei sind bei den Metamorphiten kontakt- und regionalmetamorphe Gesteine zu unterscheiden. Die Sedimentite konnten in vier verschiedene Sandsteinserien untergliedert werden und bei den Magmatiten ließen sich Intrusions-, Decken- und Ganggesteine, Schlotfüllungen und Extrusionen aushalten. Die Sedimente — in erster Linie Sandschwemmebenen und Terrassen — wurden nicht untergliedert, da bereits in Arbeiten von JÄKEL (1967, 1971) und MOLLE (1969, 1971) detaillierte Terrassenuntersuchungen durchgeführt worden sind.

[1] Sedimentit, syn. Sedimentgestein (MURAWSKI, 1963, Geologisches Wörterbuch).

Durch die Möglichkeit, markante lithologische Einheiten auszukartieren, konnte die Relativbewegung an einigen Lineamenten und Verwerfungen bestimmt und in die photogeologischen Karten eingetragen werden (siehe auch Fig. 9).

Neben dem Kluftnetz wurde zusätzlich das Entwässerungsnetz aus den Luftaufnahmen in die Karte übertragen, da ihm eine gewisse diagnostische Bedeutung zukommt. Es soll daher vor der Beschreibung der Gesteinseinheiten behandelt werden.

4.1 Entwässerungsnetz

Bei der Darstellung des Entwässerungsnetzes (siehe Karte) wurde — abweichend von den von v. BANDAT (1962) und RUELLAN (1967) vorgeschlagenen Signaturen für intermittierende Flüsse — eine Darstellungs-

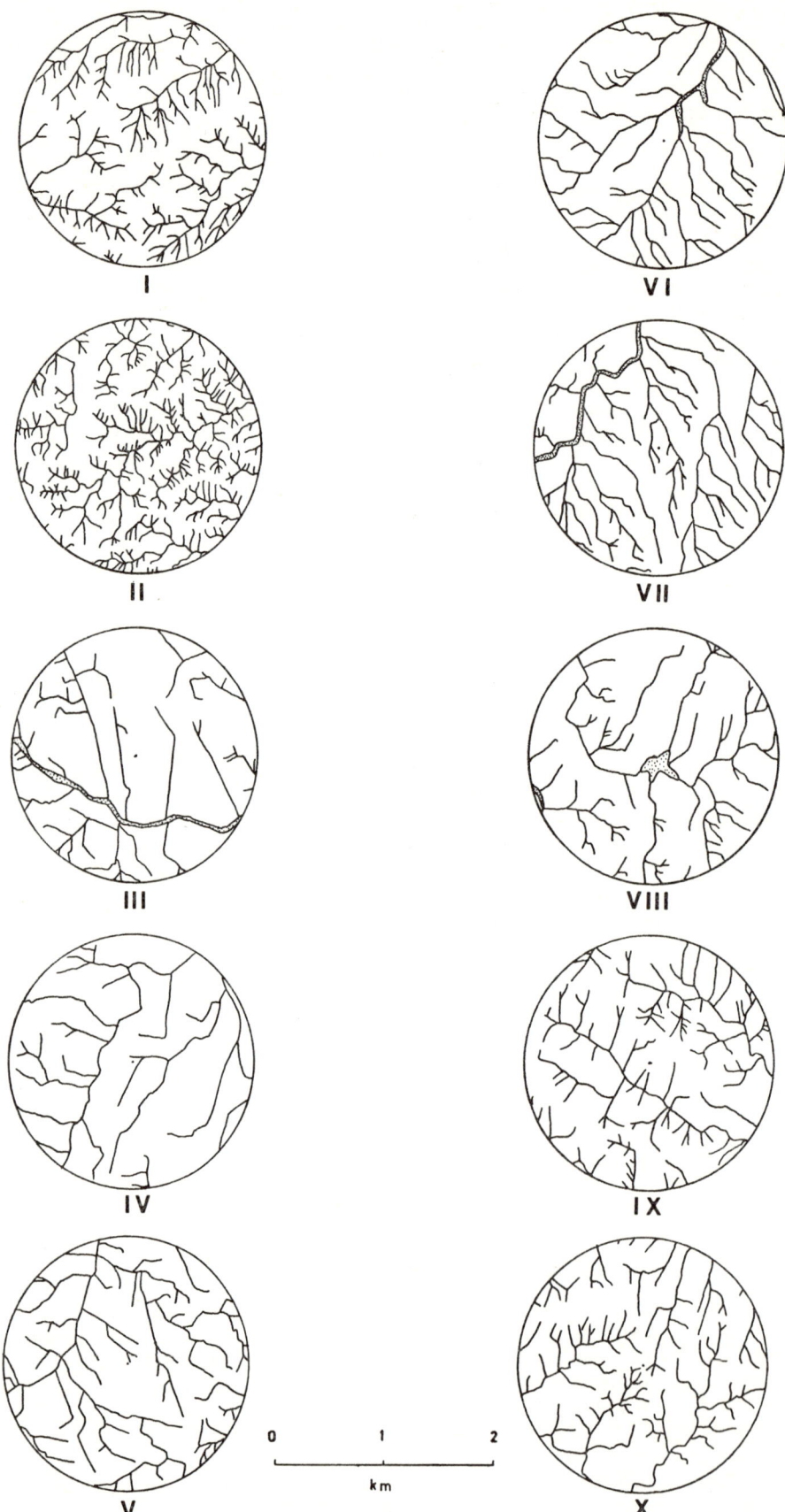

Fig. 1 Meßbereiche I-X zur Ermittlung der Entwässerungsdichte

weise mit durchgehender Linie vorgezogen, da keine Unterscheidung zwischen intermittierenden und perennierenden Flüssen zu treffen war und die gewählte Darstellungsweise sich besonders bei dichten Flußnetzen als anschaulicher erwies.

Die recht zeitraubende Interpretation wurde aus folgenden Gründen durchgeführt:
— Da lediglich Karten im Maßstab 1 : 200 000 vom Tibesti existieren (siehe Kap. 2.1), wurde mit dem Entwässerungsnetz eine topographische Grundlage geschaffen, die den Bezug der Geologie zur Topographie herstellt.
— Neben der damit ermöglichten besseren Orientierung ist jedoch die durch verschiedene Dichte, Form und Ausrichtung der Flußnetze leichter zu vollziehende Trennung unterschiedlicher Gesteinseinheiten das wichtigere Argument für die Einbeziehung des Entwässerungsnetzes in die Auswertung.

Gleichzeitig soll die Verwendung gesteinsspezifischer Parameter (wie Flußnetzdichte und später auch der Klüftigkeitsindex) kritisch beleuchtet werden.

Nicht eingegangen wird dagegen auf Bifurkationsverhältnisse, Ordnung, Anzahl und Länge der Talsegmente, da hier bereits Untersuchungen von LIST (1969), LIST und STOCK (1969) und LIST und HELMCKE (1970) aus dem Tibesti vorliegen.

Die Größe der Meßbereiche beträgt in allen Fällen 4 km² (Fig. 1; photogeologische Karten, Meßbereiche I-X). Insgesamt wurden folgende D-Werte bestimmt (siehe Tab. 3):

Tabelle 3
Entwässerungsdichte der Meßbereiche I-X

Meßbereich	D	Form	ausgebildet auf	Lage	Entwässerung erfolgt zum
I	8,15	subangular	Tibestien Supérieur	am Enneri Dogé, 11 km SE von Aozou	Enneri Dogé
II	9,85	subangular	Tibestien Supérieur	am E. Tiréno, 19 km ESE von Aozou	E. Tiréno
III	4,28	angular	Granit	am E. Tiréno, 19 km ESE von Aozou	E. Tiréno
IV	4,15	angular, z. T. subparallel	BS	W-Rand des Sandsteinkomplexes, 14 km SSW von Bardai	E. Gonoa
V	5,78	angular	QRS	am E. Yoso, 14 km SSE von Aozou	Seitenarm des E. Yoso
VI	5,51	angular	QRS	W-Rand des Sandsteinkomplexes, 5 km SW von Bardai	E. Bardagué
VII	6,69	angular	TS	E Ehi Lodoi, am Col Cognac, 12 km SSW von Aozou	E. Lodoi
VIII	4,70	angular-subparallel	TS	am E. Yoso, 4 km SE von Aozou	E. Aozou
IX	6,28	subparallel	EYS	W Eli-Yé-Guelta, 22 km SW von Aozou	E. Lodoi
X	5,80	subparallel-angular	EYS	26 km SW von Aozou	E. Ofouni

Es zeigt sich, daß die D-Werte beträchtlich schwanken; so weist der Basissandstein von allen Sedimentiten die geringste Entwässerungsdichte mit D = 4,15 [km⁻¹], das metamorphe Tibestien mit 8,15 [km⁻¹] bzw. 9,85 [km⁻¹] die höchsten Werte auf. Neben dieser, für die Interpretation sehr erwünschten Diskrepanz der D-Werte unterschiedlicher Gesteinseinheiten, wurden jedoch auch Schwankungen innerhalb einer Einheit (Tabiriou-Sandstein: 4,70 bis 6,69 [km⁻¹] bzw. dicht beieinander liegende Werte unterschiedlicher lithologischer Einheiten (Basissandstein: 4,15 [km⁻¹]; Granit: 4,28 [km⁻¹]) festgestellt. KRONBERG (1967 a) gibt zwar für massigen Granit des Rhodopen-Kristallins ebenfalls einen Wert von 4,0 bis 6,0 an, LIST und STOCK (1969) ermittelten aber für 15 Entwässerungsbecken aus dem Tibestien nördlich von Aozou nur einen Mittelwert von 3,53 [km⁻¹], wobei der höchste gemessene Wert bei 4,17 [km⁻¹] lag.

Es scheint somit, daß die Ergebnisse mehrerer Bearbeiter nicht unbedingt vergleichbar sind. Denn wie bereits zahlreiche Faktoren, z. T. in wechselseitiger Abhängigkeit und Steuerung, die Dichte, Form und Ausrichtung eines Entwässerungsnetzes beeinflussen — z. B. primäre Permeabilität (= Porosität des Gesteins), sekundäre Per-

meabilität (= Klüftigkeit des Gesteins), Klima, Vegetation, Morphologie, Hangexposition etc. — so ist auch die Vergleichbarkeit der Dichte-Werte mehrerer Autoren von den unterschiedlichsten Faktoren abhängig.
Folgende Kriterien dürften dabei eine Rolle spielen:
1. Die Untergrenze der im Luftbild erfaßten Talsegmente müßte als Voraussetzung zu einem sinnvollen Vergleich bei allen Autoren gleich sein; in den meisten Fällen schwankt sie jedoch: so beträgt sie bei STOCK (1972) 100 m, bei LIST und HELMCKE (1970) 50 m. In der vorliegenden Arbeit liegt sie zwischen 25-50 m.
2. Die unterschiedliche Auffassung des Begriffes „Entwässerungsnetz" dürfte ebenfalls von Bedeutung sein. Werden z. B. Fließlinien mit in eine Interpretation einbezogen oder muß eine erkennbare Einkerbung der Geländeoberfläche vorliegen? Hierbei ist zu bedenken, daß die Erkennbarkeit der Einkerbung im wesentlichen vom Überhöhungsfaktor des Stereomodells abhängt und der Überhöhungsfaktor nach KRONBERG (1967 b) wiederum von Bildbasis, Brennweite, Flughöhe, benutztem Stereoskoptyp, Anordnung der Luftbilder und sogar von der Augenbasis des Interpreten beeinflußt wird. Um hier Fehler zu vermeiden, wurden auch Fließlinien, Spülrinnen und Runsen ohne deutliche Einkerbung mit in die Auswertung einbezogen.
3. Die im Luftbild erkennbare Flußnetzdichte ist natürlich auch vom Bildmaßstab abhängig. Nach RAY und FISCHER (1960) variiert die Größe der Abhängigkeit mit dem Ausgangsgestein (Fig. 2).

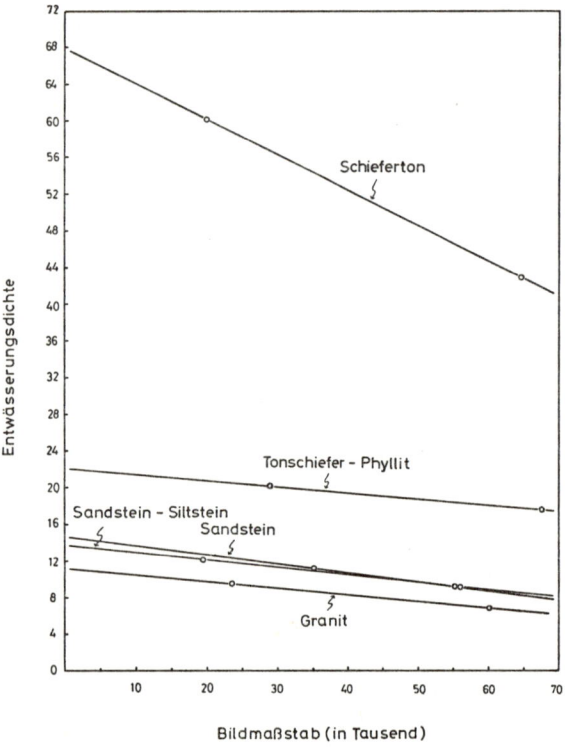

Fig. 2 Die Abhängigkeit der Flußnetzdichten vom Bildmaßstab bei unterschiedlichen Gesteinseinheiten (nach RAY und FISCHER, 1960).

4. Außerdem besteht eine Abhängigkeit vom Maßstab der Karte, in dem die Interpretation ausgelegt ist. So konnte z. B. in den Pyroklastiten am Trou au Natron mitunter eine zusätzliche Ordnung im Luftbild erkannt, darstellungsmäßig aber nicht mehr erfaßt werden (ROLAND, 1974).
5. Schließlich wird auch die unterschiedliche Sorgfalt, mit der selbst der einzelne Autor die Entwässerungsnetze je nach Ermüdungsgrad auszeichnet, nicht ohne Einfluß auf das Interpretationsergebnis bleiben.

Um hier aber einen Katalog verwendbarer D-Werte aus allen Klimaten, für alle Gesteinstypen bei sämtlichen Lagerungsverhältnissen zu erstellen, bedarf es vordringlich einer gleichen Ausgangsbasis (gleiche „detection limits" etc.) und einer Interpretation, die frei von allen subjektiven Einflüssen ist (siehe auch SADACCA, 1962; THEIS, 1962). Dies ist allerdings nur über eine elektronische Auswertung von Luftbildern zu erreichen.

Ein quantitativer Vergleich von D-Werten ist daher nur unter Berücksichtigung der oben aufgeführten Kriterien sinnvoll.

4.2 Lithologie und Stratigraphie

Nachfolgend werden die im einzelnen auskartierten lithologischen Einheiten beschrieben, die photogeologisch ermittelten Ergebnisse mit den Resultaten der Geländekontrolle verglichen und z. T. durch diese ergänzt. Wie bereits in Kap. 3.3 erwähnt wurde, ist eine scharfe Trennung von Bardai- und Aozou-Bereich nicht erforderlich, so daß die Aussagen — falls nicht anders vermerkt — für beide Gebiete gelten.

4.2.1 Die Metamorphite

4.2.1.1 Das regionalmetamorphe Tibestien

Die Möglichkeit einer Zweiteilung der präkambrischen Schiefer wurde zuerst von WACRENIER (1956) erkannt. Er verwies bereits auf die Ähnlichkeit mit dem Suggarien und Pharusien des Hoggar-Gebietes (Zentral-Sahara); auftretende Unterschiede ließen ihn jedoch die Namen Tibestien I bzw. Tibestien Inférieur (= mögliches Suggarien) und Tibestien II bzw. Tibestien Supérieur (= mögliches Pharusien) verwenden. VINCENT (1963) lieferte eine Zusammenfassung der über das Tibestien bekannten Forschungsergebnisse. Eine erste detaillierte photogeologische Untersuchung wurde von STOCK (1972) vorgelegt. Hier soll daher nur ein genereller Überblick über das Tibestien gegeben werden, da es zusammen mit den tertiären und quartären Vulkaniten den Rahmen des zwischen Bardai und Aozou gelegenen Sandsteinkomplexes bildet.

Im Luftbild fallen die präkambrischen Serien — es handelt sich im untersuchten Gebiet nur um Serien des Tibestien Supérieur — durch eine intensive, oft recht feine „Knitterung" ihrer Oberfläche auf, die Ausdruck der badlandartigen Zertalung ist (Abb. 1), und den relativ hohen, um 9,0 [km^{-1}] liegenden Dichtewert des Entwässerungsnetzes bewirkt. Hierdurch heben sich die

Metamorphite bereits im orographischen Kartenbild deutlich von den Sandsteinserien ab, die zumeist ausgeprägt angulare Flußnetze (Abb. 2) aufweisen.

Für die relativ geringe Permeabilität des Tibestien und die damit verbundene Oberflächenentwässerung — die z. T. als S p ü l r i n n e n - D e n u d a t i o n stattfindet — spricht neben der B a d l a n d - Bildung auch der häufig zu beobachtende „Quellhorizont" an der Basis der auflagernden Sandsteinserie.

Im Vergleich mit den Sandsteinen ist das Kluftnetz normalerweise weniger deutlich ausgeprägt. Um so auffallender sind dafür die vorwiegend NNE-SSW bis NE-SW streichenden Lineamente, die von größeren Enneris (Enneri Erri, E. Aozou, E. Tiréno etc.) nachgezeichnet werden.

Eine Ausnahme bildet ein westlich von Bardai gelegener Bereich intensiver Zerklüftung. Als Ursache hierfür könnte ein in der Tiefe aufgedrungener Granit verantwortlich gemacht werden. Daß diese Annahme nicht ganz hypothetisch ist, kann u. U. das Vorkommen von Granit an der Piste Bardai-Gonoa, südlich dieses „Bruchfeldes" nahelegen (Abb. 3).

Der Grauton schwankt um mittlere Werte (Stufe 8 der 20teiligen Grautonskala), wobei die stärksten Kontraste nicht durch Materialwechsel, sondern durch unterschiedliche Hangexposition zur Sonne hervorgerufen werden. Die vereinzelt erkennbare Schichtung tritt dabei eher durch das Herausmodellieren härterer Gesteinsbänke als durch materialbedingte, primäre Grautonunterschiede hervor, da letztere durch Wüstenlack-Bildung relativ stark verwischt sind. Dieses morphologische Hervortreten einer Bänderung in metamorphen Gesteinen ist nach ALLUM (1962) meist deutlicher erkennbar als die Schieferung, die in zahlreichen, parallelen, kurzen Photolineationen zum Ausdruck kommen müßte. Sie wurde in dem bearbeiteten Gebiet nicht erkannt und ist auch von STOCK (1972) nicht beschrieben worden.

Die Schichten stehen meist steil und sind eng gefaltet. Nach STOCK (1972) weisen die Falten — es handelt sich vorwiegend um Scharnier- und Knickfalten — Spannweiten unter 500 m auf, während die Aufrichtungswinkel der Faltenschenkel überwiegend >60° sind.

Die erkennbare Schichtung dokumentiert, daß die Metamorphose noch keine stärkere Uniformierung bewirkt hat. Nach den Geländebefunden müssen diese P a r a g e s t e i n e als epizonal-metamorphe Schiefer bezeichnet werden, deren ursprünglicher Konglomerat-, Sandstein- (zumeist Arkosesandstein-) und Tonsteincharakter noch deutlich zu erkennen ist.

4.2.1.2 Der kontaktmetamorphe Sandstein

Gegenüber dem regionalmetamorphen Tibestien tritt der kontaktmetamorphe Sandstein in seiner Bedeutung stark zurück. Er wird in zwei unterschiedlichen Formen angetroffen:
1. Er ist an Gänge und Schlote basischer Vulkanite gebunden.

In diesem Falle ist durch genügend Wärmezufuhr aus der Schmelze der Sandstein gefrittet worden, so daß die normalerweise rascher verwitternden Vulkanite von einem verquarzten Sandsteinrand überragt und vor schnellerer Abtragung geschützt werden. Als anschauliches Beispiel hierfür dürften ein Schlot und ein Gang SE Zoui dienen (siehe Stereomodell Abb. 4). Im Kartenbild wurde diese Art kontaktmetamorphen Sandsteins nicht ausgehalten.

2. Er tritt flächenbildend auf, ist daher im Luftbild gut zu erkennen und auszukartieren.

Hier liegt eine Frittung der Sandsteine durch Intrusion von Lagergängen vor. Der verquarzte Sandstein des Hangend- und Liegendkontaktes weist durch die große Erosionsresistenz einen, auf der 20stufigen Grautonskala zwischen 9 bis 15 liegenden Wert auf und kann bei söhliger Lagerung leicht mit Deckenbasalt-Resten verwechselt werden, die in dem an vulkanischen Erscheinungsformen reichen Tibesti-Massiv häufig anzutreffen sind.

Lediglich das Vorkommen von Sandsteintürmchen auf diesen „Decken" und die Tatsache, daß diese dunklen Horizonte bei söhliger Lagerung der Sedimentite in gleichem Niveau um Bergrücken herum zu verfolgen sind, beweist, daß es sich n i c h t um Reste eines Deckenergusses handeln kann. Die deduktive Methode der Photointerpretation erlaubt noch einen Schritt weiter zu gehen. Der Grauton, der den Schutt im Umkreis dieser Bänke kennzeichnet (er weist Ähnlichkeit mit den grauen Schuttfahnen der später zu besprechenden, von der Erosion freipräparierten positiven Photolineationen [siehe Kap. 4.3.1] auf) und die Tatsache, daß diese dunklen Bänke immer Flächen bilden, spricht dafür, daß es sich hier auch nicht um dunkle Tonsteine sondern um stark verfestigte, vermutlich quarzitische Lagen handelt. Diese Annahme wurde bei Geländeuntersuchungen bestätigt. Als Ursache der Verquarzung wurde in allen Fällen ein Sill ausgemacht, der bei einer Mächtigkeit von 2,50 bis 3,00 m eine rund 1,20 bis 1,50 m starke Frittungszone besitzt. Im Niedrigwasserbett des Bardagué ist über einem Sill ein $\sim$ 2 m mächtiger, kontaktmetamorph verfestigter Sandstein aufgeschlossen (Abb. 5).

Ähnliche Erscheinungsformen wurden im nördlichen Interpretationsbereich angetroffen. Hier konnten zwar keine Geländekontrollen durchgeführt werden, dafür erwähnt aber VINCENT (1963: 75) für das Lodoi-Gebiet „un sill interstratifié dans les grès". Auch in diesem Falle dürfte im Luftbild nur der verquarzte und durch Wüstenlack patinierte Sandstein, nicht aber das vulkanische Material zu beobachten sein.

4.2.2 *Die Sedimentite*

Die Sedimentgesteine waren Hauptgegenstand der vorliegenden Untersuchung. Sie erstrecken sich von Bardai im Süden bis nach Aozou im Norden über eine Fläche von ca. 2200 km². Hiervon sind rd. 1000 km² interpretiert und im Kartenbild dargestellt worden. Von Interesse waren die genaue Erfassung von Kluft- und

Entwässerungsnetzen, die lithologische und stratigraphische Differenzierung der Sedimentite und die Überprüfung, inwieweit sich die in dem Testbereich Bardai gesammelten Erfahrungen auf den Aozou-Bereich übertragen ließen. Das Hauptgewicht lag dabei auf der lithofaziellen Untergliederung des Sandsteinkomplexes. Hiermit soll gezeigt werden, daß die Photogeologie zumindest in ariden Klimabereichen ein ernst zu nehmender Ersatz für Geländearbeiten darstellen kann.

Für eine unvorbelastete Betrachtung war dabei von Vorteil, daß für die Sandsteine noch keine Gliederung vorlag.

Wie bereits an anderer Stelle ausführlicher dargelegt wurde (ROLAND, 1971: 496 ff.), gab es früher für die Alterseinstufung und Gliederung des Sandsteinkomplexes keine eindeutigen Kriterien.

So nahmen an:

TILHO (1920) Silur (zumindest für die Basis der Sandsteine)

DENAEYER (1928) „grès de Nubie" (= Silur bis Kreide)

DALLONI (1934) „grès primaires": Ordovicium bei Faya und Bardai, Karbon bei Aozou

WACRENIER (1958) „grès de Nubie" (= Secondaire)

GROVE (1960) frühes Paläozoikum

VINCENT (1963) „grès de Nubie (= Kreide, vermutlich Unter-Kreide)

HECHT, FÜRST und KLITZSCH (1963) Kambro-Ordovicium

KLITZSCH (1965) Ähnlichkeit mit kambrischer Hassaouna-Formation

KLITZSCH (1966, 1970) „Bardai-Sandstein" (Kambro-Ordovicium)

ERGENZINGER (1966) „Bardai-Sandstein" (Kambro-Ordovicium)

VERSTAPPEN und van ZUIDAM (1970) Kambro-Ordovicium

STOCK (1972) kretazisches Alter.

Der Begriff „Nubischer Sandstein" sollte möglichst vermieden werden, da er nicht einheitlich gebraucht wird (POMEYROL, 1968). Davon abgesehen legte die Vielfalt unterschiedlicher Meinungen den Verdacht nahe, daß es keinen altersmäßig einheitlichen Sandsteinkomplex zwischen Bardai und Aozou gibt, daß also nicht von d e m Bardai-Sandstein gesprochen werden kann. Diese Vermutung hatte sich bei den ersten Luftbildinterpretationen verstärkt, da bereits in der Umgebung von Bardai drei Gesteinseinheiten mit unterschiedlichen Charakteristika unterschieden werden konnten. Die Geländeuntersuchungen brachten dann die Bestätigung, daß der Sandstein zu untergliedern war. Die Einheiten wurden (vom Liegenden zum Hangenden) B a s i s s a n d s t e i n, Q u a t r e - R o c h e s - S a n d s t e i n und T a b i r i o u - S a n d s t e i n benannt. Durch die Funde von *Pecopteris arborescens* SCHLOTH. ergab sich zusätzlich die Möglichkeit, die vermutlich jüngste Einheit dem Permo-Karbon zuzuordnen (ROLAND, 1971). Daß dieser permo-karbonische Sandstein die jüngste Einheit darstellt, konnte zum Zeitpunkt der Geländeuntersuchung nur anhand tektonischer Beobachtungen aus der Umgebung von Bardai vermutet werden, denn Tabiriou- und Quatre-Roches-Sandstein wurden nirgends im Verband gefunden.

Luftbilduntersuchungen südlich Aozou bestätigten inzwischen diese Annahme, da hier der Tabiriou-Sandstein gut erkennbar den Quatre-Roches-Sandstein überlagert (siehe Stereomodell Abb. 16). Zusätzlich fand sich ca. 20 bis 25 km SW von Aozou noch eine weitere Sandsteineinheit, die den permo-karbonischen Sandstein überlagert und damit post-permo-karbonisches Alter haben dürfte, so daß nun nachfolgend vier Sedimentgesteinseinheiten beschrieben werden:

Hgd. Eli-Yé-Sandstein Abkürzung: EYS
↑ Tabiriou-Sandstein Abkürzung: TS
| Quatre-Roches-Sandstein Abkürzung: QRS
Lgd. Basissandstein Abkürzung: BS

4.2.2.1 Basissandstein (BS)

Der meist nur schwach gekippt lagernde Basissandstein ruht diskordant auf den steilgestellten, epizonal metamorphen Schiefern des Tibestien.

Im Luftbild läßt er sich durch folgende Kriterien erkennen: er wirkt massig und bildet am Rande des Sandsteinkomplexes eine Steilstufe (Abb. 6). Die Klüfte, die weniger dicht gedrängt sind als im Quatre-Roches-Sandstein, sind kaum ausgeräumt, so daß die Geländeformen weicher wirken. Die E-W- bis NW-SE-Richtung der Klüfte ist durch die nach E (bei Bardai) bzw. nach W (bei Aozou) geneigte Lagerung der Sedimentgesteine leicht betont, da die in Fallrichtung verlaufenden Klüfte die Ausspülung von Verwitterungsschutt erleichtern. Das Entwässerungsnetz zeigt mit D = 4,15 [km^{-1}] den niedrigsten Wert von allen Sedimentiten. Jedoch wurde nur e i n Meßbereich ausgewertet, da der Basissandstein meist in einem zu schmalen Streifen zwischen Tibestien und Quatre-Roches-Sandstein aufgeschlossen ist, bzw. bei Aozou stellenweise überhaupt nicht auszuhalten war. Während das Entwässerungsnetz im Tibestien eine hohe Dichte aufweist und als subangular zu bezeichnen ist, kann hier von einem angularen, z. T. subparallelen Entwässerungsnetz geringer Dichte gesprochen werden.

Die Mächtigkeit dieser Serie läßt sich westlich von Bardai mit ca. 80 bis 100 m angeben. Bei Aozou wurden hingegen nur noch 20 m oder weniger gemessen. In Einzelfällen, in denen der Basissandstein nicht zwischen Tibestien und Quatre-Roches-Sandstein auskartiert wurde, muß er jedoch nicht zwangsläufig fehlen, da er z. B. an Steilhängen — die zudem oft im Schatten liegen — nicht immer zu erkennen war. Eine eindeutige Aussage, ob der Basissandstein nach N an Mächtigkeit abnimmt, wie es den Anschein hat, oder ob das Hangende lediglich in die Fazies des QRS übergeht, kann ohne weiteres nicht getroffen werden. Auf dieses Problem wurde bereits in Kap. 3.3 hingewiesen.

Stellenweise könnte anhand der leicht variierenden Grautöne eine weitergehende Untergliederung des Basissandsteins durchgeführt werden; sie wurde jedoch unterlassen, da dies lediglich lokal bei besonders günstigen Aufschlußverhältnissen der Fall ist und diese weitergehende Untergliederung nicht für den gesamten Sandsteinkomplex erfolgen könnte.

Der Grauton des Basissandsteins liegt auf der 20stufigen Grautonskala etwa zwischen 5 bis 8. Er ist damit etwas dunkler als der im folgenden beschriebene Quatre-Roches-Sandstein. Zwei Gründe können hierfür verantwortlich sein:

1. das Sedimentmaterial ist primär dunkler,
2. der Sandstein ist erosionsresistenter und weist dadurch eine stärkere Patina auf.

Der zweite Grund ist wahrscheinlicher, da die Ausbildung der Steilstufe, die weniger stark ausgeräumten Klüfte und die häufig zu beobachtende Flächenbildung (der Quatre-Roches-Sandstein sitzt oft inselartig auf den freigelegten Schichtflächen des Basissandsteins) ein kompakteres Gestein vermuten lassen. Diese Annahme wurde durch die Geländebefunde bestätigt.

Nachfolgend werden zusätzliche Ergebnisse der Geländearbeit dargestellt:

Am Nordufer des Bardagué, ca. 400 m NE von Armachibé (unmittelbar an der Piste Bardai-Gonoa-Trou au Natron) ist die Grenze zwischen Tibestien und Basissandstein aufgeschlossen (Abb. 7). Der Sandstein, der 25/15 E streicht, ruht mit ausgeprägter Winkeldiskordanz auf den rotvioletten, gering metamorphen Silt- und Sandsteinen des Tibestien, für die in diesem Bereich 175/60 W gemessen wurde.

Ähnlich den rotvioletten Schiefern weist auch die Basis der Sedimentgesteine eine Rotfärbung auf. Hier sind zudem zwei dünne Konglomeratlagen dem Sandsteinmaterial zwischengeschaltet. Vermutlich handelt es sich jedoch lediglich um Einspülungen in flache, morphologische Depressionen, denn die Lagen sind nicht durchgehend zu verfolgen. Die Durchmesser der Gerölle — zumeist sind es Milchquarze — bewegen sich überwiegend zwischen 3 bis 8 cm. Lediglich ein feinkörniges, rotviolettes Sandsteingeröll wies eine maximale Länge von 18 cm auf. An weiteren Umlagerungsprodukten wurden über dem zweiten Konglomerathorizont gelbbraune Tonsteinfetzen gefunden, die anderenorts auch in höheren Niveaus durchaus nicht selten angetroffen wurden.

Die Transportwege dürften kurz gewesen sein, denn die grobklastischen Komponenten sind oft nur kantengerundet. Auf einem Gangquarzgeröll wurde sogar noch ein aufgewachsener Quarzkristall von 1 cm Höhe beobachtet.

Klüfte mit Versetzungsbeträgen von wenigen Zentimetern bis Dezimetern, die in diesem Bereich mehrfach zu beobachten sind, weisen meist eine relative Absenkung der westlichen Scholle auf. Da die Schichtung nach E einfällt, kann von antithetischen Abschiebungen gesprochen werden. Die Richtung dieser Klüfte schwankt um 30°. Die Kluftflächen sind im allgemeinen weniger glatt als die der präkambrischen Schiefer.

Der insgesamt 80 bis 100 m mächtige Basissandstein weist — von den Aufarbeitungshorizonten abgesehen — vorwiegend gelbbraune bis limonitbraune, seltener rötliche Farben auf.

Was in dem basisnahen Bereich ebenfalls nicht deutlich zum Ausdruck kommt, ansonsten aber für die gesamte Abfolge der BS typisch ist, dürften folgende Charakteristika sein:

1. die Gleichkörnigkeit (der Basissandstein liegt korngrößenmäßig im Fein- bis Mittelsand-, selten im Grobsandbereich).

2. Das Vorherrschen von ausgezeichneter Parallelschichtung. Schrägschichtung wird nur in Ausnahmen beobachtet.

3. Die damit verbundene gute Spaltbarkeit (der Sandstein läßt sich leicht in millimeter- bis zentimeterdünne Platten aufspalten, die oft Anreicherungen von Muskowitschüppchen oder vereinzelt auch von Mangandendriten auf den Schichtflächen erkennen lassen).

4. Das Vorkommen von Rippelmarken und Netzleisten.

Nach diesen Beobachtungen ist eine Sedimentation in einem Flachwasser-Bereich anzunehmen, der ein zeitweiliges Trockenfallen ermöglichte.

Die Rippelmarken werden durch den ermittelten Rippelindex 10 bis 15 als Strömungsrippeln ausgewiesen. Durch ihre flache Form (z. T. sind sie nur 3 mm hoch) und den Rippelindex um 15 leiten sie nach TWENHOFEL (1950) zu den Zungenrippeln (linguoid rippel marks) über, die am besten in „shallow streams" entwickelt sind, sicherlich aber auch im Küstenbereich (z. B. in Prielen) auftreten können.

Die Strömungsrichtung wechselt mitunter. Nach den Funden asymetrischer Rippeln zu urteilen, herrschten jedoch aus N und NW kommende Strömungen vor.

Netzleisten — sie erlauben das zeitweilige Trockenfallen der Sedimente zu postulieren — sind nur an einem einzigen Fundort bei Armachibé, ca. 100 m östlich der Höhe 1096 (siehe Kartenprobe Bardai 1 : 25 000 von PÖHLMANN, 1969) beobachtet worden.

Außer der Feststellung, daß diese Sedimente im Flachwasser, bei geringer Strömung wechselnder Richtung zur Ablagerung kamen, ist über das Sedimentationsmilieu keine Aussage zu treffen. Eindeutige Hinweise auf marines oder lacustrines Milieu konnten nicht gefunden werden.

4.2.2.2 Quatre-Roches-Sandstein (QRS)

Der Quatre-Roches-Sandstein, der nach einer als locus typicus gewählten Felsgruppe SE von Bardai benannt wurde (ROLAND, 1971), wird durch eine Erosionsdiskordanz von dem oben beschriebenen Basissandstein getrennt (Abb. 8). Deutlich ausgeprägt ist diese, nicht überall gleich gut faßbare Diskordanz am Enneri Bardagué, westlich des Forts von Bardai. Hier ist eine ca. 2 m tiefe, von der Sohlfläche des QRS in den BS hineinreichende Spalte aufgeschlossen, die eindeutig mit QRS-Material verfüllt ist. Die Gerölle dieser Grobsand- bis Kiesfüllung erreichen bis 6 cm ⌀. Zusätzlich lassen sich einige, ca. 5/80 W streichende und von Fe-Lösungen imprägnierte Klüfte, die am Top des Basissandsteins zu beobachten sind, nicht bis in den Quatre-Roches-Sandstein verfolgen. Sie werden von der Grenze BS/QRS abgeschnitten.

Demnach war der Basissandstein bereits verfestigt und unterlag der Erosion, ehe die Schüttung des Quatre-Roches-Sandsteins erfolgte.

Im Luftbild konnte diese Diskordanz zwar nicht erfaßt werden, was sowohl an dem zu kleinen Maßstab der Aufnahmen als auch an der intensiven Bruchtektonik liegen kann. Dafür ermöglichen markante lithologische Unterschiede zwischen BS und QRS die Differenzierung beider Gesteinseinheiten.

Der Quatre-Roches-Sandstein wirkt im Luftbild wesentlich heller als der Basissandstein, obwohl der Grauton zwischen 4 bis 6 liegt und im Aufschluß kein so markanter Grautonunterschied festzustellen ist (Abb. 9). Eine Vielzahl von hellen Sandflecken, bei denen es sich um Einwehungen oder Einspülungen von Verwitterungsschutt in meist kleinere morphologische Hohlformen handelt, rufen diesen Aufhellungs-Effekt hervor. Feinere Klüfte sind durch diese hellen Sandfüllungen selbst bei einer geringen Sandüberwehung des anstehenden Gesteins (z. B. bei Pedimentflächen) noch gut kartierbar.

Typisch für diese Einheit ist zudem die Vielzahl der Klüfte, die teilweise so dicht lagen, daß der vollständigen Erfassung durch den Maßstab der Karte (1 : 50 000) Grenzen gesetzt waren. Ein weiteres Charakteristikum ist die starke Ausräumung und Eintiefung der Klüfte, die fast alle gleichzeitig der Entwässerung dienen können.

Neben den kleineren Sandflecken sind auch die größeren Sandschwemmebenen an den Quatre-Roches-Sandstein gebunden. Die enorme Bereitstellung von Verwitterungsschutt, die hierin zum Ausdruck kommt, die starke Eintiefung der Klüfte und der helle Grauton sprechen für ein relativ weiches Gestein. Nach KRONBERG (1967 b: 100) haben grobkörnige Sandsteine „auch gröbere Kleinformen und ihre Verwitterungsformen werden durch die Klüftung viel stärker beeinflußt als die von feinkörnigen oder unreinen Sandsteinen". Da im Luftbild auch die für Kreuzschichtung typischen Formen zu erkennen sind, kann nach der Luftbildanalyse auf ein grobkörniges, vermutlich konglomeratisches, kreuzgeschichtetes und relativ wenig erosionsbeständiges Gestein geschlossen werden. Diese Annahme wurde im Gelände bestätigt.

Auch hier stellt die Morphologie, und zwar sowohl die Klein- als auch die Großformen eine sehr brauchbare Hilfe bei der Abgrenzung der Sandsteine dar. Durch die selektive Verwitterung zeigt der fast ausschließlich Kreuzschichtung aufweisende QRS einen reicheren Formenschatz als der Basissandstein. In Abb. 9 wird der gut geschichtete, plattig bis bankige, relativ homogene Basissandstein von kreuzgeschichtetem, in Ansätzen auch Balmenbildung und Wabenverwitterung zeigendem Quatre-Roches-Sandstein überlagert. Der fazielle Unterschied beider Sandsteineinheiten wird in dieser Aufnahme deutlich.

Im Zusammenspiel von intensiver Klüftung und Schräg- bzw. Kreuzschichtung — begünstigt durch eine geringe Erosionsbeständigkeit und die ariden Klimaverhältnisse — bildet sich der für den Quatre-Roches-Sandstein typische Formenschatz heraus, der bei den Großformen, besonders im Randbereich dieses Sandsteins zu isolierten Sandsteintürmen, Felsnadeln und Pilzfelsen führt (Abb. 27), die zudem meist Wabenverwitterung (Abb. 10), Balmenbildung (Abb. 11) und die für Schrägschichtung typischen Kleinformen (Abb. 12 a, b) aufweisen.

Die starke Bruchtektonik erlaubt keine Mächtigkeitsangaben, denn petrographische Leitmerkmale wie Leitfolgen oder gar Leithorizonte (FALKE, 1954), die die Ermittlung von Versetzungsbeträgen ermöglicht hätten, konnten weder im Gelände noch im Luftbild kartiert werden. Dennoch gibt sich der Quatre-Roches-Sandstein nicht völlig einheitlich. Ca. 6 km SSW von Bardai ist das Hangende dieser Abfolge aufgeschlossen, das deutlich dunkler ist und eine „genoppte Oberfläche" aufweist (Abb. 15). Die gleiche Beobachtung wurde auch im Aozou-Bereich gemacht. Der dunklere Grauton ist auf eine etwas höhere Festigkeit des Gesteins zurückzuführen. Ein Materialwechsel war im Gelände jedoch nicht festzustellen.

Korngrößenmäßig bewegt sich der Quatre-Roches-Sandstein fast ausschließlich im Grobsand-Kies-Bereich. Zwischengeschaltete Tonsteinlinsen sind geringmächtig und keilen oft nach mehreren Metern wieder aus (Abb. 13). Die Gerölle weisen selten 10 cm ⌀ auf; meist bewegen sie sich zwischen 3 bis 6 cm ⌀. Die Konglomeratführung ist allerdings nicht an gut abgrenzbare, einzelne Horizonte gebunden, so daß man keine kompakten Konglomeratlagen antrifft. Vielmehr handelt es sich um wechselnd starke — dafür aber praktisch durchgehende — Einstreuungen von meist gut gerundeten Milchquarzgeröllen.

Diese unregelmäßige Verteilung der psephitischen Komponenten weist auf eine schlechte Sortierung bei unterschiedlichem, mitunter stoßweisem Transport hin (FALKE, 1964).

Da die Gerölle fast ausschließlich aus Milchquarz bestehen, kann von einem **oligomikten Konglomerat** gesprochen werden. Der mitunter höhere Feldspatanteil der Matrix — er liegt ausschließlich in kaolinisierter Form vor — erlaubt es, den Quatre-Roches-Sandstein als einen **konglomeratischen Arkosesandstein** zu bezeichnen. Die feldspatreicheren Lagen fallen durch ihre oft reinweiße-schwach gelbliche, seltener auch rötliche bis bläulichviolette Färbung und ihr bröseliges Gefüge auf. Meist zeigt der Sandstein jedoch eine schmutzig-gelbe bis braune Farbe. Sandkörner und Geröllkomponenten sind in diesem Falle mit Eisenhäuten überzogen.

Auch Eisenkrusten von durchschnittlich 10 cm Mächtigkeit sind nicht selten. Sie werden am Ostrand der Sandschwemmebene von Bardai mehrfach beobachtet (siehe Fig. 4). Für die Photogeologie sind sie nicht relevant, da sie vorwiegend nur im Profil aufgeschlossen sind und in den seltenen Fällen, in denen sie flächenbildend auftreten, bedecken sie eine zu geringe Fläche, um im Luftbild auskartiert werden zu können. Diese Eisenschwarten durchziehen in unregelmäßiger, bogiger Form das Gestein, ihre Oberfläche ist oft „warzig" (Abb. 14) ausgebildet. Geröllanreicherungen an der Oberfläche der Eisenkrusten sind teilweise, jedoch nicht in allen Fällen beobachtet worden.

Ihre Entstehung ist nicht eindeutig geklärt. Es könnte sich um Eisenkrusten von Lateriten handeln, aber nach LOUIS (1968: 56) treten auch in den gleichen Gebieten, in denen echte Lateritkrusten angetroffen werden, Eisenkrusten auf, die ihre Entstehung einer nachträglichen Zementierung von Kiesen und Grobsanden verdanken, die alluvial oder kolluvial über einem Untergrund abgelagert wurden, der selbst nichts mit dieser Eisenanreicherung zu tun hat. Dieser letztere Fall ist für die Bildung der Eisenschwarten der QRS durchaus in Erwägung zu ziehen.

Die Eisenkrusten dürften dafür sprechen, daß zumindest Teilbereiche des Quatre-Roches-Sandsteins während seiner Ablagerung längere Zeit trocken gelegen haben. Noch ein weiteres Argument spricht dafür. Während der Aufnahme von Profilen östlich der Forschungsstation Bardai, am Rande der Sandschwemmebene, wurde eine stärker konglomeratische Lage entdeckt, die fast ausschließlich zersprungene, jedoch noch im Verband befindliche Geröllkomponenten aufwies. Sie befindet sich an einer nordexponierten, leicht überhängenden Wand, die auch bei höchstem Sonnenstand keiner intensiven Bestrahlung ausgesetzt ist. Eine rezente Entstehung dieser Sprünge dürfte daher auszuschließen sein, so daß dieser Horizont als ehemalige, starken Temperaturschwankungen ausgesetzte Landoberfläche aufgefaßt werden könnte.

Zusammenfassend kann man folgende Charakteristika für den Quatre-Roches-Sandstein aufführen:
1. die praktisch durchgehend zu beobachtende Konglomeratführung,
2. die vorherrschende Schrägschichtung und Kreuzschichtung,
3. die oft engständige, stets markant nachgezeichnete Klüftung,
4. die dadurch hervorgerufene starke Gliederung und Isolierung einzelner Felsgruppen.

Insgesamt ist eine Sedimentation im Flachwasser bei höheren Strömungen wechselnder Richtung und z. T. stoßweisem Transport zu postulieren. Zeitweiliges Trockenfallen muß angenommen werden.

4.2.2.3 Tabiriou-Sandstein (TS)

Der Übergang vom Quatre-Roches- zum Tabiriou-Sandstein ist zwischen Bardai und Zoui, am locus typicus nördlich der Tabiriou-Mündung (ROLAND, 1971) nicht aufgeschlossen, da der Tabiriou-Sandstein hier von einer NW-SE verlaufenden Störung begrenzt wird. Somit konnte nach den Feldarbeiten keine Entscheidung getroffen werden, ob der Übergang zwischen beiden Serien fließend ist und ob sie überhaupt direkt aufeinander folgen. Nach den Ergebnissen von KLITZSCH (1966, 1970), die besagen, daß das Tibesti-Massiv im Kreuzungsbereich zweier Schwellen (der NW-SE streichenden Tripoli-Tibesti-Schwelle und der NE-SW streichenden Tibesti-Syrte-Schwelle) liegt, war ein Vorherrschen von Dehnungsformen auch im Bardai-Gebiet angenommen worden, d. h. die am NE-Ende der Sandschwemmebene von Bardai gelegene, stark herauspräparierte verquarzte Mylonitzone (Abb. 34) wurde als Produkt einer Abschiebung interpretiert. Danach sollten die östlich der Störung liegenden Sedimente einem höheren Niveau entstammen: der Tabiriou-Sandstein müßte jünger sein als Quatre-Roches- und Basissandstein und vor allem, die zwar gut geschichteten, aber z. T. auch grobklastischen Tabiriou-Sedimente konnten keine fazielle Vertretung des Basissandsteins darstellen.

Die photogeologischen Untersuchungen bei Aozou und in der weiteren Umgebung von Bardai bestätigten inzwischen diese hypothetische Annahme. Ca. 3 km E von Aozou sind beide Einheiten im Schichtverband aufgeschlossen; der Tabiriou-Sandstein überlagert direkt den Quatre-Roches-Sandstein (Abb. 16), die Grenze ist markant und gut kartierbar. Eine Diskordanz konnte allerdings im Luftbild nicht festgestellt werden.

Seine gute Erkennbarkeit verdankt der Tabiriou-Sandstein dem starken Wechsel von pelitischen und psammitisch-psephitischen Schichten (Fig. 5). Durch die meist gekippte Lagerung der Sandsteine ist dieser Wechsel auch im Luftbild deutlich erkennbar und zwar sowohl durch die selektive Verwitterung, die härtere Bänke als Rippen bzw. als Flächen hervortreten läßt, als auch durch die unterschiedlichen Grautöne, da die härteren Bänke immer eine stärkere Patina aufweisen.

Das Stereomodell Abb. 17 läßt die z. T. vorzügliche parallele Schichtung erkennen. Die Aufnahmen zeigen die Typlokalität des Tabiriou-Sandsteins, der allerdings an dieser Stelle im Luftbild weniger ausgeprägte Grautonunterschiede aufweist, verglichen mit den Verhältnissen bei Aozou. Die Geländeaufnahmen zeigen zwar auch in diesem Bereich die deutliche Abnahme der psephitischen Komponenten und eine Zunahme der Ton- und Siltsteineinschaltungen. Es ist aber zu vermuten, daß zum Hangenden der Serie eine weitere Beruhigung der Sedimentation eintrat und bei Aozou auch stratigraphisch höhere Niveaus aufgeschlossen sind, die durch ihre feinkörnigeren und erosionsresistenteren Gesteine und durch ihre daraus resultierenden dunkleren Grautöne auffallen.

Im Aufschluß ist für diese Gesteinseinheit der stärkere Wechsel zwischen kreuzgeschichteten psammitisch-psephitischen und parallel-geschichteten pelitisch-psammitischen Lagen typisch. Dabei besitzen die Gerölle selten

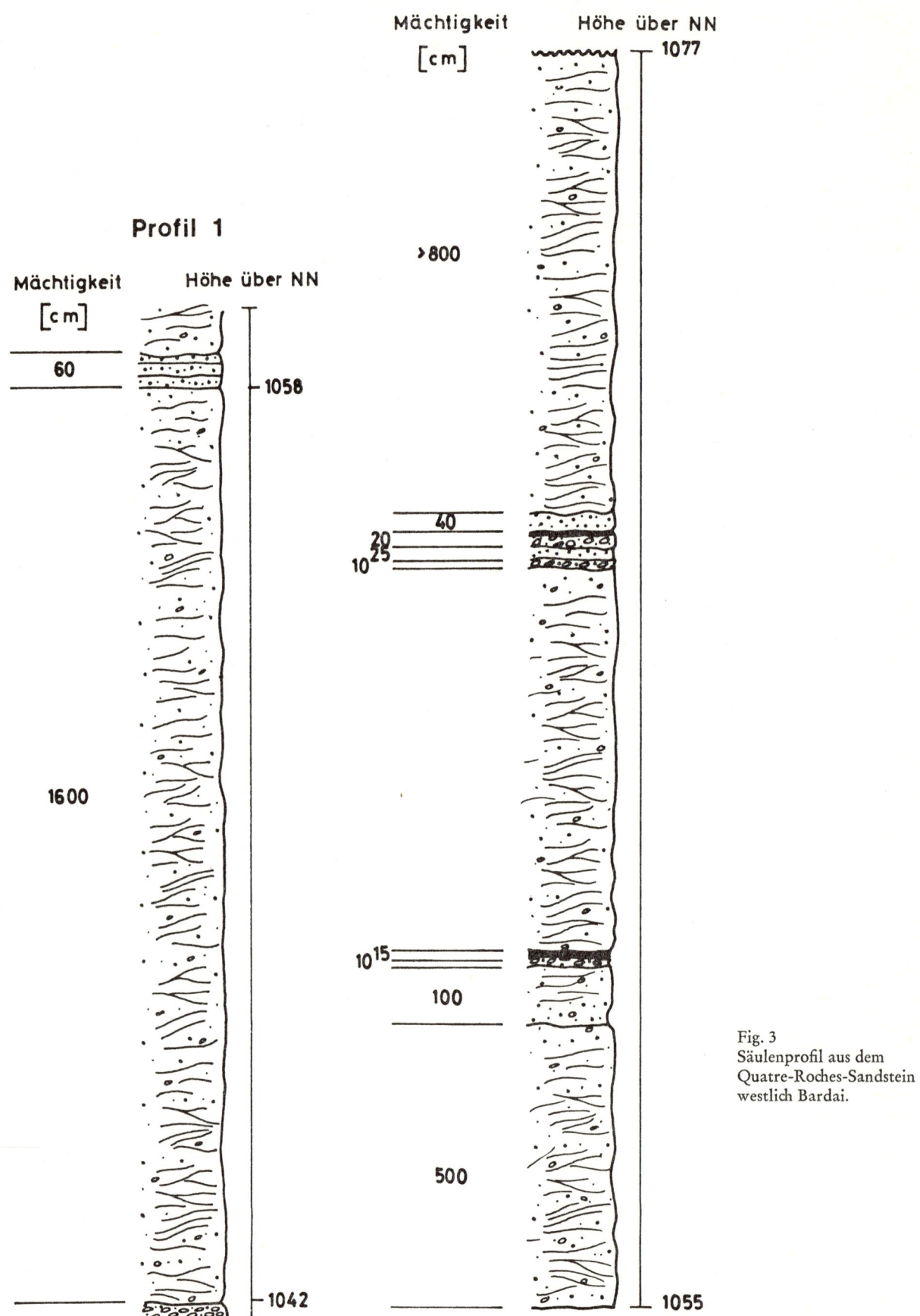

Fig. 3
Säulenprofil aus dem
Quatre-Roches-Sandstein
westlich Bardai.

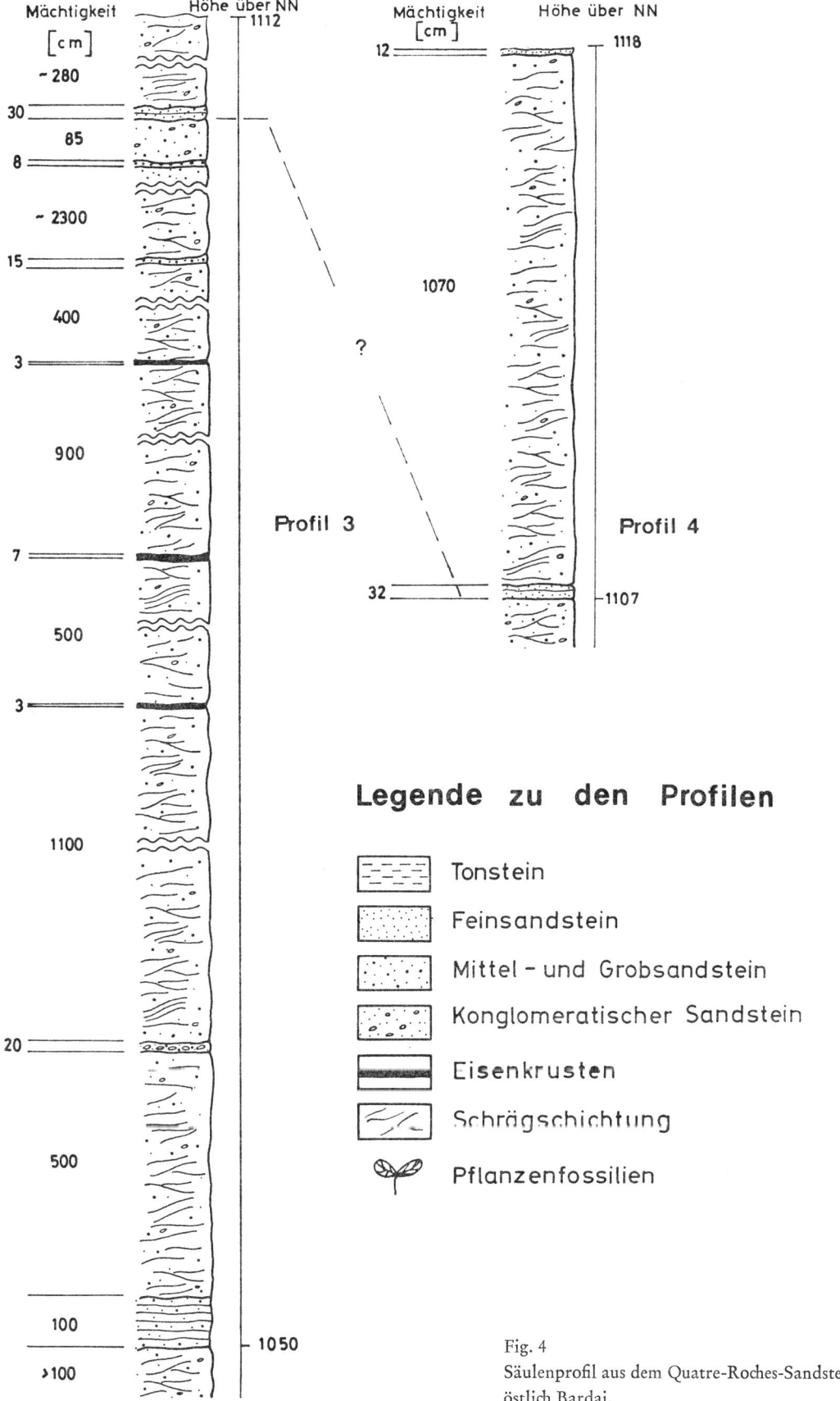

Fig. 4
Säulenprofil aus dem Quatre-Roches-Sandstein östlich Bardai.

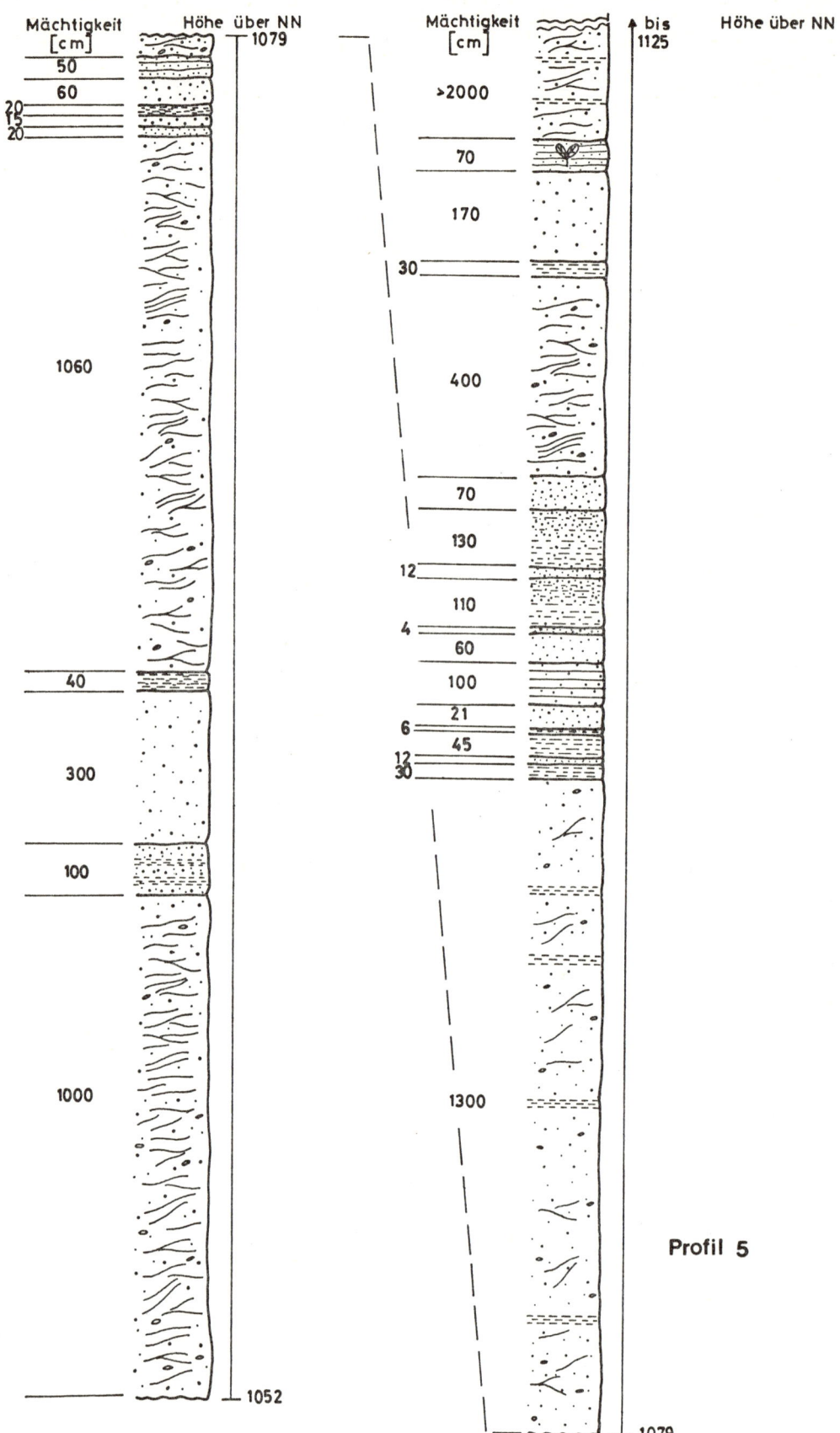

Fig. 5 Säulenprofil von der Typlokalität des Tabiriou-Sandsteins

Durchmesser >2 bis 3 cm; sie liegen nach DIN 4022 (55) meist an der Grenze Grobsand/Feinkies. In tonigen bis feinsandigen Horizonten sind wiederum Trockenrisse zu beobachten, so daß auch während der Ablagerung der Tabiriou-Serie Flachwasserverhältnisse postuliert werden müssen.

Als Zeugen einer ufernahen Flora wurden zwischen Bardai und Zoui, ca. 300 m östlich der Höhe 1172 (nach der Kartenprobe Bardai 1 : 25 000 von PÖHLMANN, 1969, hat der Fundpunkt folgende Koordinaten: 21° 21' 57" n. Br.; 17° 02' 49" östl. L.) Pecopteriden- und Calamitenabdrücke gefunden. Diese Calamiten-Pecopteriden-Assoziation ist nach GOTHAN und REMY (1957) typisch für feuchte Standorte. Während die Calamiten Bereiche besiedelt haben, die den heutigen Schilfgürteln entsprechen, bevorzugten die zu den baumförmigen Maratiaceen gehörenden Pecopteriden grundwassernahe Standorte im Uferbereich. Der Fazies zufolge könnte man auch kohlige Substanz oder gar Kohlebändchen im Tabiriou-Sandstein erwarten. Sie wurden jedoch bisher nicht gefunden.

Während die Calamiten-Reste dank fehlender Internodien und Astnarben nicht näher bestimmt werden konnten, lassen die Farnabdrücke Einzelheiten der Blattoberseiten erkennen (siehe ROLAND, 1971, Abb. 4), obwohl sie nicht in kohliger Erhaltung vorliegen. Sie wurden wie folgt beschrieben (ROLAND, 1971: 503):

Die dicht gedrängten, senkrecht zur Achse stehenden Fiederchen 1. Ordnung sind durchschnittlich 4 mm lang und 2,0 bis 2,5 mm breit. Sie haben streng pecopteridische Form, d. h. die ± parallelrandigen Blättchen sitzen mit der ganzen Breite der Basis auf. Die Mittelader ist deutlich, die ungegabelte Fiederaderung teilweise zu erkennen. Die Achse ist ± längsriefig.

Anhand dieser Merkmale kann folgende Zugehörigkeit mit einiger Sicherheit angenommen werden:

Klasse: Pteridophyllopsida
Gruppe: Pecopterides
Pecopteris cf. *arborescens* SCHLOTH.

Wie fast alle Pecopteris-Arten ist auch *Pecopteris arborescens* SCHLOTH. eine für das Stephan und Unter-Rotliegende typische Form. Zudem haben die meisten, im Stephan auftretenden Pecopteriden eine weltweite Verbreitung gefunden. Es kann also angenommen werden, daß die Pecopteriden des Tabiriou-Sandsteins etwa gleichaltrig sind mit den z. B. vom Verf. gefundenen Pecopteriden der Kuseler Schichten des saar-pfälzischen Unter-Rotliegenden (ROLAND, 1969) oder aber mit anderen Funden aus dem „Nordwesteuropäischen Kohlengürtel". Damit dürfte der Tabiriou-Sandstein in der Nähe der Karbon-Perm-Grenze — also zwischen Westfal und Ober-Rotliegendem — zu plazieren sein.

Als Charakteristika für den Tabiriou-Sandstein können zusammenfassend folgende Punkte genannt werden:
1. der häufige Wechsel zwischen pelitischen und psammitisch-psephitischen Lagen,
2. der damit verbundene Wechsel zwischen Lagen mit ausgezeichneter paralleler Schichtung und Lagen mit Schräg- und Kreuzschichtung.

Hieraus ist eine Sedimentation bei unterschiedlichen Strömungsverhältnissen und Wassertiefen abzuleiten. Auch ein zeitweiliges Trockenfallen der Sedimente muß wieder angenommen werden.

4.2.2.4 Eli-Yé-Sandstein (EYS)

Als letzte Sandstein-Einheit ist eine Serie zu erwähnen, die ca. 22 km SW von Aozou, westlich der Guelta „Eli-Yé" (Minute photogrammetrique — 1 : 200 000, Blatt Aozou) aufgeschlossen ist. Zu dieser Einheit wurde im Raume Bardai während des Geländeaufenthaltes kein Pendant gefunden, so daß sie nicht durch Gelände-Kontrolle überprüft wurde und alle Aussagen sich ursprünglich auf die Luftbildanalyse stützen mußten. Inzwischen erhielt Verf. von Herrn D. BUSCHE, Berlin, jedoch den Hinweis, daß am Westrand der Flugplatzebene von Bardai, NW der Landepiste, über dem Tabiriou-Sandstein ein massiger, dickbankiger, konglomeratischer Sandstein folgt (Abb. 18). Er liegt unmittelbar östlich der großen, NNE-SSW streichenden Störung, die den Norwestrand der Flugplatzebene bildet. An diesem Lineament wird das Tibestien gegen den nach W einfallenden Tabiriou-Sandstein verworfen. Die stratigraphisch höchsten Niveaus wären demnach unmittelbar an der Störung zu erwarten. Dies läßt das Vorkommen von Eli-Yé-Sandstein an dieser Stelle als möglich, der zusätzlich vom Tabiriou-Sandstein abweichende Gesteinscharakter als wahrscheinlich erscheinen.

Westlich der Eli-Yé-Guelta ließen sich folgende Luftbild-Beobachtungen an dieser Sandstein-Einheit machen:

Im Westen wird der Eli-Yé-Sandstein überwiegend von Verwerfungen begrenzt, im Osten ist jedoch die Grenze zwischen Tabiriou- und Eli-Yé-Sandstein aufgeschlossen. Die Schichtung beider Einheiten ist in ihrem Grenzbereich leider nicht überall deutlich erkennbar. Anhand einiger Beobachtungen wird jedoch vermutet, daß zwischen Tabiriou- und Eli-Yé-Sandstein eine Winkeldiskordanz ausgebildet ist. Damit dürfte letzterer nicht mehr als Top des Tabiriou-Sandsteins in Frage kommen, sondern muß als selbständige, postpermokarbonische Einheit angesehen werden.

Auch dieser Sandstein fällt wieder durch eigene morphologische Charakteristika auf. Er ist von stark ausgeräumten, NNE-SSW und NW-SE streichenden Photolineationen gegliedert, da diese Richtungen durch tiefe Kerbtäler nachgezeichnet werden (Abb. 19). Die Grate zwischen den Tälern sind scharf. Da der Tabiriou-Sandstein in der Nachbarschaft des Eli-Yé-Sandsteins ebenfalls eine höhere Klüftigkeit aufweist, könnte u. U. auch hier deren Ursache in der Platznahme eines Intrusivkörpers zu suchen sein, ähnlich wie im Falle des stärker gestörten Tibestien westlich Bardai. Wie dort sind auch hier Zeugen vulkanischer Aktivität — in erster Linie saure Gänge und Extrusionen — im Luftbild erkennbar.

Dies ändert jedoch nichts an der Tatsache, daß der Eli-Yé-Sandstein von seiner Fazies her für eine starke Ausräumung der Klüfte „prädisponiert" ist. Eine gleichermaßen engständige Klüftung, wie sie vom Quatre-Roches-Sandstein bekannt ist, wird dagegen nicht beobachtet. Wie dieser weist er jedoch einen helleren, um 4 liegenden Grauton auf. Die Schichtung ist gut erkennbar, die Schichtpakete sind mächtiger als die des Tabiriou-Sandsteins und die dort eingeschalteten, feinkörnigen, erosionsresistenteren und damit im Luftbild dunkler erscheinenden Schichten fehlen im Eli-Yé-Sandstein völlig. Der Grauton ist daher einheitlicher als im Tabiriou-Sandstein, so daß auf einen weniger starken Materialwechsel geschlossen werden kann. Die Oberfläche wirkt „sandig".

All diese Kriterien dürften für einen grobkörnigen bis konglomeratischen Sandstein sprechen, für den

1. die stark eingetieften, Klüfte und Störungen nachzeichnenden Kerbtäler und die damit verbundenen scharfen Grate,
2. die im Vergleich zum TS größere Einförmigkeit in Material und Korngröße typisch sind.

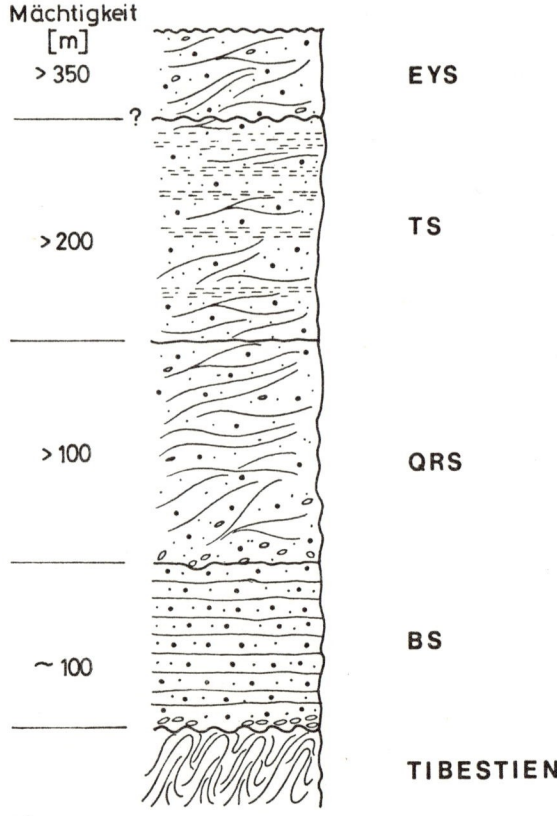

Fig. 6

4.2.2.5 Normalprofil durch die Sedimentite im Gebiet zwischen Bardai und Aozou

Zusammenfassend soll das Normalprofil durch den Sandsteinkomplex zwischen Bardai und Aozou wiedergegeben werden (Fig. 6). Eine genaue Angabe über die Gesamtmächtigkeit kann jedoch nicht erfolgen, da

— die Mächtigkeit zumindest des Basissandsteins stärker schwankt,

— eine Ermittlung der QRS-Mächtigkeit durch die starke Bruchtektonik und die mangelnden Leithorizonte unmöglich ist.

Nach der Faltung und Einrumpfung des epizonal-metamorphen Tibestien beginnt die Sandsteinabfolge — zumindest westlich Bardai — mit einem geringmächtigen Aufarbeitungshorizont, i. e. mit einem z. T. aus zwei Lagen bestehenden Konglomerat, das allerdings nicht durchgehend zu verfolgen ist und lediglich in Senkungen eingespült zu sein scheint. Danach setzt eine Beruhigung der Sedimentation ein. Ein relativ gleichkörniger, nur vereinzelt Tonsteinfetzen führender Feinsandstein von wechselnder Mächtigkeit (ca. 80 bis 100 m bei Bardai, rd. 20 m SE Aozou) kam zur Ablagerung.

Auf den bereits verfestigten und von der Erosion betroffenen Basissandstein wurde der Quatre-Roches-Sandstein geschüttet. Grobklastische, kreuzgeschichtete Sedimente beherrschen hier das Bild. Dieser stark geklüftete, relativ weiche, z. T. an kaolinisierten Feldspäten reiche Sandstein wird zum Hangenden hin deutlich fester. In diesem Fall zeigt er im Luftbild eine „genoppte" Oberfläche. Eine Grenze zum übrigen QRS zu ziehen war nicht möglich.

Der Tabiriou-Sandstein dürfte an der Basis noch reicher an grobklastischem Material sein, auffallend ist jedoch die Einschaltung feinsandiger bis pelitischer, bunter Sedimente, deren prozentualer Anteil zum Hangenden der Serie noch zunimmt. Die Mächtigkeit dürfte >200 m betragen. Im Tabiriou-Sandstein wurden die einzigen Fossilien gefunden. Sie erlaubten nicht nur, diese Sedimente als kontinentale, ufernahe Ablagerungen zu deuten, sondern ermöglichten auch eine altersmäßige Einordnung in der Nähe der Karbon-Perm-Grenze.

Zwischen diesen Sedimenten und dem lediglich in drei kleinen Flecken vorkommenden Eli-Yé-Sandstein scheint eine Winkeldiskordanz im Luftbild erkennbar zu sein. Ob es sich hierbei um die saalische Faltungsphase STILLEs handelt, ist nicht mit Sicherheit zu sagen. Die Sedimente sind insgesamt wieder gleichförmiger als diejenigen des Tabiriou-Sandsteins. Grobklastisches Material dürfte vorherrschen.

Die Mächtigkeit dieser postpermokarbonischen Serie beträgt >350 m, so daß die Gesamtmächtigkeit aller Sandsteinfolgen 750 bis 800 m erreichen dürfte, wenn man die Stärke des QRS lediglich mit rd. 100 m ansetzt. Vermutlich wird diese Zahl jedoch um einiges übertroffen.

Generell kann man sagen, daß die in vorliegender Arbeit untersuchten Sedimentgesteine fazielle Ähnlichkeit zu kontinentalen Serien (z. B. des Rotliegenden) aufweisen. Eine Untergliederung der Abfolgen in ausgeprägte Sedimentationsrhythmen oder -zyklen wie im saarpfälzischen Rotliegenden (FALKE, 1952, 1954) ist jedoch nicht möglich.

In der bisherigen Literatur über die Sandsteine des Tibesti fehlt es nicht an Hinweisen auf die verschiedenartige fazielle Ausbildung der Sandsteine. So berichtet VINCENT (1963: 28): „... ce sont des grès typiquement continentaux, généralement grossiers, avec des dragées et des galets bien arrondis souvent simplement alignés plutôt que vraiment rassemblés en bancs. Les couches sont minces et bien litées à la base, donnant des dalles (Oudingueur, Yédri, Aozou), puis massives (Bardai); la stratification entrecroisée y est fréquente, et le faciès rappelle alors beaucoup celui des grès inférieurs primaires. Les teintes sont souvent roses ou rougeâtres, et les niveaux plus ferrugineux ne sont pas rares. Il y a quelques niveaux d'argiles bariolées associés (Zoui, Zoummeri, Aozou); ils sont peu dévelopés mais jouent un rôle hydrologique important ..."

Zuvor hatte bereits DALLONI (1934: 122) eine Beschreibung der „grès et schistes bigarrés d'Aozou à ‚Dadoxylon'" gegeben und von Funden von versteinertem Holz — *Dadoxylon (Araucarioxylon)* nach CORSIN in DALLONI (1934) — berichtet, denen zufolge er die Serie dem Karbon zuordnete.

STOCK (1972) führte erstmalig mit Hilfe der Photointerpretation eine Dreiteilung der Sandsteine ein. Danach kann man unterscheiden zwischen einem „massigen Sandsteinhorizont (Sa)", der eine „dunkle Bank (Sc)" überlagert, und „im Liegenden dieser dunklen G. E. (Sc) treten gut geschichtete, im Grauton wechselnde Lagen auf (Sb)". Diese Gliederung deckt sich jedoch nicht mit der vom Verf. (ROLAND, 1971) vorgeschlagenen Unterteilung, da die G. E. (= Gesteinseinheit) Sc lediglich eine härtere, wahrscheinlich wieder durch einen Sill verquarzte Schicht darstellt und nicht als eigenständige, faziell unterschiedlich ausgebildete Sandsteinserie aufzufassen ist.

Die vom Verf. nach Luftbild- und Geländeuntersuchungen auf lithofaziellen Unterschieden basierende Dreiteilung (ROLAND, 1971) erfährt in vorliegender Arbeit eine Erweiterung auf vier Sandsteineinheiten. Zugleich erfolgt erstmalig eine Kartendarstellung im Maßstab 1 : 50 000, die die geologischen Sachverhalte eines ca. 1000 km² großen Gebietes innerhalb der Sandsteine des Zentralen Tibesti erfaßt.

4.2.3 Die Magmatite

Die Hauptzentren des Tibesti-Vulkanismus sind im Süden der Arbeitsgebiete zu suchen, wo Pic Toussidé, Tarso Voon und Tarso Tieroko eine WNW-ESE verlaufende Vulkankette bilden. Aber auch das Bardai-Aozou-Gebiet ist noch reich an vulkanischen Erscheinungsformen. Nachfolgend sollen die wichtigsten Kriterien kurz umrissen werden, die zum Erkennen dieser Vulkanite im Luftbild, ihrer Abgrenzung gegenüber dem Sandstein und ihrer Differenzierung untereinander beitrugen.

An Kriterien zur Abgrenzung gegenüber dem Sandstein sind zu nennen:

1. die mit wenigen Ausnahmen diskordante Lagerung,
2. die oftmals fehlende Schichtung,
3. die kontaktmetamorphe Beeinflussung des Nachbargesteins, was durchweg zur stärkeren Patina = dunklerem Grauton, z. T. auch zu positiven Verwitterungsformen führt,
4. der zum Sandstein unterschiedliche Grauton,
5. die zum Sandstein unterschiedliche morphologische Ausbildung,
6. die weniger ausgeprägte Oberflächenstruktur,
7. das Entwässerungsnetz, das meist nur gering oder gar nicht ausgebildet ist,
8. die oft fehlende oder in speziellen Fällen konzentrische Klüftung und
9. die topographische Position.

Zur Unterscheidung der vulkanischen Formen und Gesteine untereinander dienen:

1. der Grauton, der wie im Gebiet des Trou au Natron (ROLAND, 1974) eine Differenzierung nach dem Chemismus — ähnlich der groben feldgeologischen Einteilung in helle = saure und dunkle = basische Gesteine zuläßt,
2. die Morphologie, die über den Chemismus (SiO_2- und Gasgehalt) und die damit verbundene Viskosität beeinflußt wird,
3. die Erosionsresistenz, die von Chemismus, Korngröße und Korngefüge abhängt, und
4. die Oberflächenstruktur.

Nach diesen Kriterien konnten Granitintrusionen, Extrusivkuppen, Ignimbrite, Basaltdecken, Schlote, saure und basische Gänge sowie Lagergänge unterschieden werden. Wie bereits im Falle der Sandsteine, so mußte auch hier bei jeder Entscheidung eine Vielfalt von Beobachtungen gegeneinander abgewogen und in Einklang gebracht werden. Die Ergebnisse werden nachfolgend dargestellt.

4.2.3.1 Saure Intrusionen

Über Granitintrusionen im Tibesti wurde bereits von mehreren Autoren berichtet, so u. a. von DALLONI (1934), LIST und STOCK (1969), STOCK (1972), VINCENT (1963) und WACRENIER (1958), wobei LIST und STOCK und STOCK auf die Granite aus photogeologischer Sicht eingehen.

STOCK (1972) beschreibt zwei verschiedene morphologische Formen: den als Depression vorliegenden Oakor-Granit und den Ofouni-Granit, der ein schwach erhabenes Relief aufweist. Dieses noch vorhandene Relief wird auf eine Konservierung durch „Basaltdecken, die, wenn auch nur einige Meter mächtig, verwitterungsresistenter als der Granit zu sein scheinen", zurückgeführt. Dies kann jedoch nicht als einzige Ursache für eine unterschiedlich starke Ausräumung in Betracht kommen. GREENWOOD (1962) zeigte zwar, daß Granit in ariden Gebieten unter den plutonischen Gesteinen am schnellsten verwittert, aber auch ALLUM (1961) beschrieb schon, nur wenige Meilen von einander entfernte Granite, die unterschiedlich stark erodiert waren. Andere Autoren nehmen zudem an, daß diese Unterschiede auf verschiedenem Chemismus der Granite beruhen — nach WACRENIER (1958: 15) sind die ausgeräumten Formen für Kalk-Alkali-Granite typisch — beziehungsweise daß eine unterschiedliche Körnigkeit oder teilweise auch „eine durch die tektonische Beanspruchung erhöhte Klüftigkeit des Granits im Massivinneren für die starke Abtragung und Einsandung verantwortlich ist" (LIST und STOCK, 1969: 237). Diese Annahme vertritt auch THORP (1967), der eine gleiche Beobachtung an nigerianischen Graniten machte und SABET (1962: 2), der bereits betonte, daß sich im kristallinen Gestein selbst leichte Unterschiede in Korngröße und mineralischer Zusammensetzung im Luftbild bemerkbar machen: „... these can influence the appearance of the rocks in the photographs, such as topographical expression, tone, steepness and regularity of slopes, drainage pattern, surface texture as well as many other features."

Weiterhin wurde von LIST und STOCK (1968) gezeigt, daß die Granite z. T. von den präkambrischen Schiefern (Tibestien) „umflasert" werden, also als prätektonisch intrudierte Körper anzusehen sind, z. T. aber auch posttektonisch aufgedrungen sein müssen. Autochthone Granite sind vermutlich auszuschließen. Eine Unterscheidung, ob es sich um para-autochthone Granite (READ, 1957) oder um intrudierte magmatische Granite handelt, ist nach ALLUM (1966) im Luftbild nicht möglich. Dies schneidet zudem das „Granitproblem" an, ein Fragenkomplex, dem hier nicht nachgegangen werden kann.

Im bearbeiteten Gebiet wurden mehrere Intrusionen beobachtet. Die größte von ihnen befindet sich am Enneri Tiréno, 19 km SE von Aozou. Dieses Granit-Massiv wird — ähnlich dem Meché-Granit STOCKs — von einer ca. 30° streichenden Blattverschiebung (ihr folgt der Enneri Tiréno) in zwei Schollen zerlegt, von denen die westliche rd. 5 km relativ nach SW versetzt wurde. Von kleinen, eingesandeten Depressionen abgesehen, liegt der Granit in morphologisch erhabener Form vor, auch wenn er das Tibestien nur vereinzelt überragt. Durch diese kleinen, hellen Sandflecken wirkt er im Grauton recht inhomogen. Letzterer schwankt um 10, so daß der Granit insgesamt dunkler ist als das ihn umgebende Tibestien oder der Sandstein. Am Nordwestrand der westlichen Scholle weist das Tibestien jedoch ebenfalls einen dunkleren Grauton auf, der mit dem hier erkennbaren, etwa 900 m breiten Kontakthof zusammenhängt. Am SW-Rand wird der Granit von den Sedimenten des Basissandsteins überlagert. Eine Frittungszone ist nicht ausgebildet, so daß die Intrusion älter als der Basissandstein sein muß.

Auch der Granit am Enneri Dogé wird von einer Blattverschiebung in zwei Schollen zerlegt (von denen nur die westliche im Kartenbild erfaßt ist). An jener, vom Enneri Dogé nachgezeichneten N-S verlaufenden Verwerfung ist wiederum die westliche Scholle relativ nach Süden versetzt, in diesem Falle um ca. 700 bis 800 m. Gleich dem Tiréno-Granit ist auch der Dogé-Granit kaum ausgeräumt.

Eine weitere Intrusion befindet sich rd. 14 km SW von Bardai, westlich Gonoa. In diesem Falle zeigt sich der Granit als relativ dunkles, massiges Gestein — der Grauton liegt bei 12 — das nur noch vereinzelt in einer eingesandeten Depression zutage tritt. Anhand des auffallend stark von Bruchtektonik betroffenen Bereiches nördlich dieses Granits (siehe Kap. 4.2.1) kann vermutet werden, daß sich die Intrusion nach N fortsetzt.

Ein so deutliches Umflasern der Granitstöcke wie im Beispiel des Mousi-Fourzimi-Granites (LIST und STOCK, 1968) wurde nirgends erkannt. Dagegen zeigt ein am Enneri Tonigé, ca. 6 km SE des Tiréno-Granites gelegenes, kleineres Vorkommen, daß die Schichtung des Tibestien von der Intrusion abgeschnitten wird, die Kluftrichtungen aber durch den Stock hindurchziehen. Danach scheinen im Arbeitsgebiet lediglich syn- bis posttektonisch intrudierte Granite vorzukommen.

Der Vollständigkeit halber ist auf die vielen, in mannigfachen Formen und Größen auftretenden sauren bzw. sauren bis intermediären Intrusionen hinzuweisen, die besonders im SW von Aozou zahlreich anzutreffen sind. Sie weisen keine Ähnlichkeit mit den Granitstöcken auf und leiten, zumindest teilweise, zu Extrusionen und Effusionen über.

4.2.3.2 Extrusivkuppen

Die Extrusionen sind besonders im Umkreis des Ehi Lodoi zahlreich vertreten. Insgesamt wurden hier ca. 20 Lavanadeln und -dome erfaßt, während aus der Umgebung von Bardai keine bekannt sind. Nach VINCENT (1963: 70) sind sie außerdem im Tibesti weniger zahlreich vertreten als im Atakor (ca. 80 im Tibesti gegenüber 300 im zentralen Atakor). Diese, von steilen Flanken gesäumten Extrusivkörper (Abb. 20) können Fließ-, Quell-, Stau- oder Stoßkuppen von saurem bis intermediärem Chemismus („trachyandesitique" nach VINCENT, 1963) darstellen. Um der Vielfalt der im französischen und angelsächsischen Sprachgebrauch benutzten Termini — wie aiguille, piton, pic, dent, tour, cou, culotte oder plug dome, neck etc. — zu entgehen, hatte bereits P. BORDET (siehe VINCENT, 1963) für das Ahaggar-Gebirge die von K. SCHNEIDER (1911) geprägten Begriffe B e l o n i t e (für Stoßkuppen) und T h o l o i d e (für Staukuppen) übernommen, die auch von VINCENT (1963) weiterbenutzt werden.

Diese Termini beinhalten nach SCHNEIDER (1911) eine genetische Wertung, derzufolge Belonite und Tholoide der jüngeren rheumatischen Eruptionsperiode angehören, d. h. daß die Entwicklung vom Stratovulkan mit vorwiegend basaltischer Förderung über die Phase stärkerer Lockerproduktförderung bis zur Stau- und

Stoßkuppenbildung fortgeschritten ist (RITTMANN, 1960: 160). Die genetische Aussage der SCHNEIDERschen Begriffe scheint zwar auf das Tibesti anwendbar, da eine sichere Deutung aus photogeologischer Sicht im Rahmen dieser Arbeit nicht eindeutig möglich ist, sollen die Begriffe Belonit und Tholoid keine Verwendung finden. Nachfolgend wird der Begriff E x t r u s i v k u p p e benutzt, der — völlig wertungsfrei verwandt — keine Aussage darüber macht, ob es sich um Fließ-, Quell-, Stau- oder Stoßkuppen handelt und zu welchem Zeitpunkt des vulkanischen Entwicklungsablaufes das Material aufgedrungen ist.

Um die Möglichkeit einer Übertragung der Begriffsinhalte jener Termini auf die Photogeologie prüfen zu können, soll eine kurze Definition folgen (nach CLOOS, 1936, RITTMANN, 1960).

Fließkuppe (exogenous dome): hochviskoses Ausfließen, meist vom Vulkangipfel aus.

Quellkuppe (intrusive dome): hochviskoses Ausfließen, nach CLOOS (1936) unter Tuffbedeckung.

Staukuppe (endogenous dome): im wesentlichen durch Expansion von Innen her aufgebaut. Rissige Oberfläche durch sprengende Wirkung der nachdrängenden Lava bzw. durch Abkühlungskontraktion. Mitunter Absprengen einzelner Blöcke; dadurch Austritt kurzer Lavaströme möglich. Bei stärkerem Ausmaß treten Staukuppenströme auf, die einen Teil der Kuppe einreißen können, so daß nur ein sichelförmiger Rest übrig bleibt.

Stoßkuppe (plug dome): klassisches Beispiel ist Mt. Pelée/Martinique (LACROIX, 1904). Turmartig, oft polygonal entsprechend der Austrittsöffnung begrenzt. Diese wird mit der Zeit ausgeschliffen und abgerundet. Riefung der Stoßkuppenwände möglich. Blockhalden am Fuß der Felsnadeln. Stoßkuppen stellen eine en bloc gehobene, konsolidierte Schlotfüllung dar.

Diese, z. T. nur geringen Unterscheidungsmerkmale können bereits im Gelände eine genaue Klassifikation erschweren, zumal es auch Übergänge zwischen Stau- und Fließkuppen geben kann (RITTMANN, 1960: 31).

Das erklärt, warum bisher in keinem Standardwerk der Photogeologie (ALLUM, 1966; AMERICAN SOCIETY OF PHOTOGRAMMETRY, 1960; v. BANDAT, 1962; KRONBERG, 1967; LUEDER, 1959; MILLER und MILLER, 1961; RAY, 1960) auf eine Unterscheidung der einzelnen Formen im Luftbild eingegangen wurde.

In welchem Maße lassen sich trotzdem die o. a. Definitionen zu einer genetischen Deutung der Extrusivkuppen-Bildung heranziehen und wie stark sind die einzelnen Formen im Tibesti vertreten?

F l i e ß k u p p e n dürften die Extrusionen des Aozou-Gebietes in den seltensten Fällen darstellen, da letztere — wie bereits VINCENT (1963) betonte — selbständige, isolierte Gebilde sind, die keine Verbindung zu größeren Vulkanbauten aufweisen. Lediglich in zwei Fällen (siehe unten) wäre eine Fließkuppen-Deutung nicht ganz auszuschließen.

Q u e l l k u p p e n müßten eine, im Luftbild durchaus erkennbare Tuffkappe tragen. Wenn diese nie beobachtet wurde, so wird es wohl auf die bereits abgeschlossene Erosion der möglicherweise vorhanden gewesenen Tuffe zurückzuführen sein. Die Extrusivkuppen selbst zeigen dagegen eine bemerkenswerte Resistenz und es ist eher das Nachbargestein, das erodiert wird. Auch die als Hinweis auf den Quellkuppen-Charakter zu verwendenden Brekzien und Tuffe der Kontaktzone zum Nachbargestein können in den meisten Fällen keinen Aufschluß liefern, da sie unter Blockhalden verborgen liegen, deren Anhäufung aus den derzeitigen ariden Klimaverhältnissen resultiert. Eine Ansprache von Quellkuppen anhand der Luftbildbefunde erscheint in günstigen Fällen möglich. Sie war jedoch im Tibesti nicht durchzuführen, selbst nicht im Beispiel der potentiellen Quellkuppe des Ehi Lodoi, von der VINCENT (1963: 74) zumindest einen kaolinisierten Mantel erwähnt, bei dem es sich um umgewandelte Tuffe handeln könnte.

S t a u k u p p e n müßten ebenfalls von Schutt ummantelt sein, ebenso die S t o ß k u p p e n. Beide voneinander zu trennen, dürfte nur in frischem Zustand möglich sein (eventuelle Riefung der Stoßkuppe, rissige Oberfläche der Staukuppe), beziehungsweise durch das Vorhandensein eines Staukuppenstroms ermöglicht werden. Ob die zu beobachtenden sichelförmigen Extrusions-Ruinen allerdings in allen Fällen auf Ausbrüche von Staukuppenströmen zurückzuführen sind, muß angezweifelt werden. Hier dürfte in erster Linie die Erosion formgebend gewirkt haben. Lediglich bei zwei Kuppen wurden kurze Ströme festgestellt, bei denen es sich um Staukuppenströme handeln dürfte. Es wird jedoch auf die Bemerkung RITTMANNs hinsichtlich der Übergänge zwischen Fließ- und Staukuppen verwiesen.

Bei einer weiteren Extrusion wird vermutet, daß es sich um eine Stoßkuppe handelt, da die aus einer größeren, von Schutt bedeckten Kuppe herausragende Lavanadel eine Ähnlichkeit mit typischen Stoßkuppen aufweist. Stoß-, Fließ- und Quellkuppen dürften allerdings den weitaus geringeren Anteil der Extrusionen stellen.

VINCENT (1963) unterscheidet zusätzlich zwischen den „types normaux" („non prismé" und „prismé"), die oft eine Zwiebelschalenstruktur besitzen und den „pseudo ‚ring-structures'". Diese Unterscheidungen lassen sich recht gut im Luftbild nachvollziehen.

Allgemein variieren die Extrusivkuppen stark in Höhe und Durchmesser und sie weisen die unterschiedlichsten Erosionsstadien auf. Letzteres kann die genetische Deutung dieser Strukturen sehr erschweren bzw. unmöglich machen. Dennoch ist bei günstigen Aufschluß- und Aufnahmebedingungen (z. B. genügend großer Maßstab) eine Ansprache nach den Luftbildbefunden möglich. Es bedarf aber weiterer Vergleichsuntersuchungen, bevor die zur Unterscheidung der einzelnen Typen wichtigen Kriterien sinnvoll in einem Photoschlüssel erfaßt werden können.

4.2.3.3 Ignimbrite

Die normalerweise hohe Viskosität der sauren Schmelzen wird im Falle der Ignimbrite durch eine gute „Schmierung" mittels Gasen überwunden, so daß diese sauren, von WEYL (1954) auch als Schmelztuffe bezeichneten, chaotischen Absätze aus Glutwolken sich über größere Flächen ausbreiten, die Morphologie einebnen bzw. größere Hindernisse umfließen konnten. Die an der Basis dem Bodenrelief angepaßten Ignimbritdecken sind an der Oberseite weitgehend eben (FRECHEN, 1967). Dies ist ein wichtiges Kriterium, das die Erkennbarkeit von Ignimbriten im Luftbild erleichtert.

Danach konten auch — allerdings nur im Süden und Südwesten von Bardai — einige Ausläufer von Ignimbritdecken kartiert werden, deren Eruptionszentren bzw. Förderspalten (nach RITTMANN, 1960; WEYL, 1954, u. a. werden Ignimbrite meist aus Spalten gefördert) in Richtung Yirrigué-Caldera (Tarso Toussidé) zu suchen sind und die, durch die großen Täler (z. B. Oudingueur, Gonoa) kanalisiert, bis zu 100 km (!) von ihren Förderzentren entfernt zur Ablagerung kamen (VINCENT, 1963: 123).

Die Ignimbrite wurden daher im Arbeitsgebiet auch nur in Tälern gefunden, jedoch nicht mehr auf der Talsohle, sondern an den unteren Talflanken, da die Erosion zwischenzeitlich die Täler weiter eingetieft hat. In allen beobachteten Fällen bildeten sie senkrechte Wände. Auch das konnte neben der horizontalen Lagerung und dem hellen Grauton als Kriterium zur Erkennung der Ignimbrite im Luftbild gewertet werden.

Die große Entfernung, die die Ignimbrite zurücklegten, dürfte nicht ganz ohne Einfluß auf den Grauton sein. Dieser ist bei Gonoa ca. 2, d. h., daß die Ignimbrite z. T. heller sind als die normalerweise am hellsten erscheinenden Sandflächen. Im Trou-au-Naton-Gebiet ist er noch mittelgrau (ROLAND, 1974); der Grauton liegt hier um 5 bis 6. Die Ursache wird wieder in einer mit abnehmender Erosionsresistenz schwächer werdenden Wüstenlackbildung gesehen. Danach wäre bei Gonoa weiches Material zu erwarten. Tatsächlich ist es dort äußerst mürbe.

Dies dürfte eine logische Erklärung in der mit zunehmender Entfernung vom Fördergebiet abnehmenden Temperatur haben, die schließlich so weit gesunken war, daß die in Suspension mitgeführten Teilchen nur noch unvollständig verbacken wurden.

Für die Photogeologie bedeutet das: in ariden Klimaten erscheinen Ignimbritdecken im Luftbild umso heller, je weiter sie vom Förderzentrum bzw. von den Förderspalten entfernt zur Ablagerung kamen.

4.2.3.4 Schlote

Förderzentren basischen Magmas wurden mehrfach beobachtet, ohne daß ein direkter Zusammenhang zu Basaltdecken herzustellen war. So sind z. B. am Oberlauf des Enneri Koudou drei Schlote, ca. 7 km ESE von Aozou zwei weitere Schlote aufgeschlossen, die in ihrer unmittelbaren Nachbarschaft keine Ergüsse oder auch nur Reste von Basaltschutt aufweisen. Diese Schlote zeigen fast alle die gleiche Form: sie sind länglich-oval bis dreieckig und dürften auf Klüften bzw. an Kreuzungspunkten von Klüften oder Verwerfungen angelegt sein. Im Gegensatz zu den Extrusionskuppen sind sie bis zum Niveau der Sandsteine erodiert. Die mittleren Durchmesser betragen oft 300 bis 350 m. Die Grauwerte schwanken um 9.

Daß es sich n i c h t um Deckenreste handelt, wird eindeutig durch die erhabenen Ränder aus kontaktmetamorph verhärtetem Sandstein betont, die in der Umgebung von Bardai und Zoui an Schloten und Gängen basischen Materials beobachtet wurden (Abb. 29). Auch den Extrusivkuppen können sie nicht zugerechnet werden, da diese

— in allen Fällen freipräpariert, aber nicht erodiert waren,
— keine intensive Kontaktmetamorphose des Nachbargesteins bewirkt haben,
— ihre Grautöne durchweg heller waren, hier aber das scheinbar weichere, da stärker erodierte Gestein (oder ist es älter?) einen erheblich dunkleren Grauton aufweist.

Die stärkere Frittung des Nachbargesteins wird durch die höhere Temperatur und die geringere Viskosität basaltischer Schmelzen begünstigt, da sowohl die Energiezufuhr zum Nachbargestein größer ist als auch die mobile, glutflüssige Schmelze selbst leichter in Spalten eindringen und den Sandstein imprägnieren kann. Die Folge ist der erwähnte „Mantel" der Schlote und Gänge basischen Materials. Der erhabene Rand dieser Strukturen spricht also sowohl für den Schlot als auch für basisches Material.

Eine weitere Frage wurde bereits angeschnitten: sind diese Schlote älter als der übrige Basaltvulkanismus des Tibesti? Neben diesen völlig erodierten Formen gibt es einige Vulkanruinen, die noch deutlich erkennbar sind und die sowohl durch ihre erhabene Form als auch durch breite Schuttfächer auffallen, auch wenn frische Ströme, wie im Toussidé-Bereich, weder bei Bardai noch bei Aozou angetroffen wurden.

Nach VINCENT (1963: 42) lassen sich die basischen Vulkanite in vier Serien untergliedern (SN 1-4: SN = série noire, facies basaltique), denen saure Ergüsse zwischengeschaltet sind (SC I-III; SC = série claire, essentiellement rhyolitique). Den Abschluß bildet die „série grise" (SH; composition trachyandésitique intermediaire). Die Untergrenze des Tibesti-Vulkanismus wird von VINCENT (1963, 1970) mit Oberkreide angegeben, wobei post-lutetisches Alter wahrscheinlicher ist. Die letzten Zeugen des basischen Vulkanismus, die im bearbeiteten Gebiet nicht auftreten, wurden nach der Tertiär-Quartär-Wende gefördert. Bei den isolierten Vulkanschloten wäre demnach eine völlige Erosion der Oberbauten seit dem Tertiär zu postulieren.

Eine andere Möglichkeit besteht darin, diese Schlote einem älteren Vulkanismus zuzurechnen. Ein Beweis hierfür kann im Moment nicht erbracht werden. Die gleiche Frage muß jedoch später (Kap. 4.2.3.6) nochmals aufgegriffen werden.

4.2.3.5 Deckenbasalte

Ähnlich den Ignimbritdecken sind auch die Deckenbasalte an ihren ebenen, nur schwach geneigten Oberflächen zu erkennen (Abb. 21). Sie weisen gegenüber den Ignimbriten naturgemäß dunklere Grautöne auf, die auf dem 20stufigen Graukeil vorwiegend um 9 liegen. VON BANDAT (1962) u. a. wiesen bereits darauf hin, daß der Grauton der Basalte von ihrem Alter bzw. ihrem Verwitterungsgrad abhängt, und zwar zeigen jüngere Ergüsse oder frische Erosionsanschnitte dunklere Töne. Dies ist bereits am Handstück zu demonstrieren: während der angewitterte Basalt außen eine hellere, bräunliche Verwitterungsrinde aufweist, ist das frische Material dunkelgrau. Anhand dieser Grautonnuancen konnten auch am Toussidé unterschiedlich alte Ergüsse kartiert werden (ROLAND, 1974). Dies ist jedoch weder bei Bardai noch bei Aozou möglich. Zudem handelt es sich hier nicht um einzelne, lobenartig begrenzte Ströme, sondern immer um isolierte Deckenreste. Oft schützen sie die Sandsteine vor stärkerer Erosion und in Einzelfällen, wie im Beispiel des Goni (Abb. 22) auf der Flugplatzebene von Bardai, trugen sie zur Entstehung von Zeugen- bzw. Inselbergen bei.

Im Gegensatz zu den Ignimbriten, die in den Tälern südlich Bardai angetroffen wurden, bilden die Basaltdecken Hochflächen. Letztere lassen zwar vereinzelte Infiltrationszentren erkennen und natürlich beobachtet man durch rückschreitende Erosion sich einkerbende Entwässerungsrinnen. Ein Entwässerungsnetz i. e. S. ist jedoch nicht entwickelt. Hierzu sind die Decken zu stark mit Schutt bedeckt (Abb. 23), sind zu schwach geneigt und weisen eine zu intensive Klüftung auf.

VINCENT (1963) ordnet sie der „première série noire" (SN 1) zu, die er auch „série des trapps" nennt. Sie sollen ursprünglich eine Fläche von mindestens 10 000 km² (heute sind es noch 2850 km²) bedeckt haben und mit 32 % des gesamten Lavaaufkommens auch volumenmäßig den größten Anteil auf sich vereinen.

Ihre Mächtigkeit schwankt. Mitunter ließen sich mehrere Decken übereinander im Luftbild erkennen, die zusammen bis 100 m Mächtigkeit erreichen können. Dementsprechend stark ist die Schuttstreuung, die teilweise ein Kartieren der Liegendgrenze verhindert.

Insgesamt nehmen sie in dem bearbeiteten Gebiet nur eine unbedeutende Fläche ein, da bei der Auswahl der Luftbilder auf eine möglichst geringe Basalt-Bedeckung geachtet wurde.

4.2.3.6 Konkordante Gänge (Sills)

Mit den Deckenbasalten sind in Einzelfällen die Sillflächen zu verwechseln, vor allem dann, wenn auch sie Hochflächen bilden, wie es z. B. östlich der Sandschwemmebene von Bardai der Fall ist. Abb. 23 und Abb. 24 zeigen jedoch, daß die von Basalten gebildeten Plateaus eine andere Oberflächenstruktur aufweisen als diejenigen, die durch Sills verursacht wurden. Während die Basaltplateaus von ± einheitlich großem Blockschutt bedeckt sind, zeigt die Sillfläche unterschiedlich groben Schutt. Dies kann im Luftbild natürlich nicht erkannt werden. Hier hilft der normalerweise dunklere Grauton (er reicht für die Sillflächen bis 15), die geringere Mächtigkeit (östlich Bardai beträgt sie 2,80 bis 3 m) und die oft erkennbare konkordante Lagerung.

Es sollte an dieser Stelle nochmals wiederholt werden, daß normalerweise nur der gefrittete, verquarzte Sandstein beobachtet wird und daß nur in Ausnahmefällen (so z. B. in einem kleinen Bereich südwestlich von Bardai) das vulkanische Material offen zu Tage liegt. Da es durch die tektonische Beanspruchung kleinsplittrig zerfällt, wird es von der Erosion leicht ausgeräumt. Dadurch bilden sich stellenweise um die Bergrücken herumführende „Nischen" (Abb. 25).

Ob die bei Bardai recht zahlreich anzutreffenden Sillflächen in unterschiedlichen stratigraphischen Niveaus liegen, ist fraglich. Es wird vermutet, daß es sich nur um 1 bis 2 kleinere Sills handelt, die jedoch nicht in gleichem Maße flächenbildend auftreten, und um einen einzigen größeren Sill, der infolge intensiver Bruchtektonik heute in verschiedenen Höhenniveaus angetroffen wird. Diese Vermutung scheinen Aufnahmen zu bestätigen, die etwa von der Höhe 1097, ca. 2 km westlich des Ehi Kornei, nach NE blickend, aufgenommen wurden (Abb. 27, 28). Die im Vordergrund staffelbruchartig ansteigenden Sillflächen finden im Mittelgrund, zwischen Sandschwemmebene und dem Doppelgipfel des Ehi Tougoumtjou, ihre Fortsetzung und bilden hier die oben erwähnte Hochfläche.

Die Mächtigkeit dieses größeren Sills scheint ziemlich konstant zu sein. So wurde östlich von Bardai, 2,80 bis 3 m (s. o.), oberhalb von Sobo, dem süd-westlichen Ausläufer der Oasenagglomeration „Bardai", eine Mächtigkeit von 2,75 m (siehe Abb. 25) gemessen. Die Stärke des im Niedrigwasserbett des Bardagué aufgeschlossenen Sills ist nicht zu ermitteln. Der den Sill überlagernde, bis zu rd. 2 m mächtige gefrittete Sandstein (Abb. 4) dürfte auch hier auf einen größeren Lagergang hindeuten.

Das Material der Lagergänge ist wie das der übrigen, nicht schichtgebundenen Gänge mitunter netzartig von Hämatit und Brauneisen durchzogen. Diese Eisenanreicherungen können bis 15 cm $\emptyset$ erreichen. Südlich Armachibé hat das Gangmaterial den Charakter von Melaphyr-Mandelstein, mit durchschnittlich 3 bis 5 mm großen Mandeln.

Auch hier taucht wieder die Frage auf, ob es sich, wie im Falle der völlig erodierten Schlote, um Zeugen eines tertiär-quartären Vulkanismus handeln kann, oder ob nicht eine ältere vulkanische Phase anzunehmen ist. Der im Dünnschliffbild stark zersetzte Melaphyr-Mandelstein spricht für letzteres[2]. BUSCHE (mündl. Mit-

---

[2] Eine Datierung der Ganggesteine durch D. JÄKEL ist in Vorbereitung.

teilung zieht diese Möglichkeit ebenfalls in Erwägung und weist auf die bereits oben erwähnte Bruchtektonik hin, die sich nach KLITZSCH (1970) in zwei Phasen vollzog, in einer altpaläozoischen und in einer an der Wende Jura/Kreide gelegenen Phase. Danach waren die Bewegungen im wesentlichen abgeschlossen, denn das Eozän, das auf das nördliche Tibesti-Vorland transgredierte (FÜRST, 1968) wurde nicht mehr in Mitleidenschaft gezogen (LELUBRE, 1946).

Da die Sills aber von einer ausgeprägten Bruchtektonik betroffen wurden, wie es Abb. 26 oder Abb. 27 zeigen, muß ihr Alter vorsichtig eingestuft als präkretazisch angesehen werden. Es liegt nahe, den völlig erodierten Schloten das gleiche Alter zuzurechnen.

4.2.3.7 Diskordante Gänge

Neben dem Spezialfall der zwar leicht erkenn- aber schwer bestimmbaren Lagergänge können ± saiger stehende Gänge von saurem-intermediärem und basischem Chemismus im Luftbild eindeutig identifiziert werden. Hier hilft in erster Linie die diskordante Lagerung und im Falle der basaltischen Gänge zusätzlich der bereits erwähnte Frittungshof (Abb. 4, 29). Letzterer ist auch gegenüber dem nicht tektonisch beanspruchten tertiär-quartären Gangmaterial erosionsresistenter, so daß sich innerhalb der aufragenden Rippen wiederum Rinnen ausbilden konnten, die z. T. für die Entwässerung benutzt wurden.

Am Rande des in Abb. 4 zu erkennenden Ganges südöstlich Zoui fanden sich im Quarzit jene weichen, geschwungenen Erosionsformen, die für ein Bachbett typisch sind, das sich in härteres Material eingeschnitten hat. Diese Formen können bei dem heute äußerst geringen, lediglich auf den Gang beschränkten Einzugsbereich des Entwässerungsnetzes und den ariden Klimaverhältnissen nur als fossil, sicherlich pluvialzeitlich angelegt betrachtet werden.

Die Gänge haben unterschiedliche Längen. Hier können nur die größeren besprochen werden, da die Gänge von oft nur 1 bis 2 m Breite, die bei Bardai notiert wurden, im Luftbild allenfalls als nicht näher bestimmbare Photolineation auftreten (die Erkennbarkeit ist natürlich abhängig vom Bildmaßstab, der Bildqualität, dem Auflösungsvermögen und dem Vergrößerungsfaktor des Auswertegerätes).

Der Gang südöstlich Zoui erstreckt sich über ca. 5 km Länge. Für die beiden Gänge SSW von Bardai wurden 2,5 km bzw. für den weiter südlich gelegenen rd. 6 km Länge gemessen. Die beiden zuletzt erwähnten Gänge zerschlagen sich nach SE. Auffallend ist im Bereich Bardai-Zoui das generelle Vorherrschen einer W-E- bis WNW-ESE-Richtung. Das winklige Abknicken und die Betonung der erwähnten Richtungen weisen auf den tektonischen Zusammenhang hin, der durch die in N-S-Richtung verlaufenden Apophysen des kleineren Ganges noch betont wird, da letztere vorgezeichneten Klüften folgen (Abb. 30). Betrachtet man die Gänge als eine Dokumentation einer nach SW bzw. NE gerichteten Dehnung, so müssen sie auf paläozoisch angelegten Schwächezonen aufgedrungen sein, da KLITZSCH (1970) eine solche Dehnungsrichtung für das Silur-Devon postuliert.

Zwei weitere Gänge befinden sich 4 km NE und 16 km SSE von Aozou. Der rd. 3 km lange Gang NE Aozou weicht von dem Bild aller übrigen Gänge durch seinen geradlinigen Verlauf und seine größere Breite (250 m) ab. Er liegt im Bereich eines 35° streichenden Lineamentes, das an Aozou vorbeiführend, sich in seinem weiteren Verlauf durch Ruschelzonen und Verwerfungen verfolgen läßt. Die Ansprache als „Gang" ist in diesem Fall nicht ganz gesichert und es bedürfte einer Geländekontrolle, um zu entscheiden, ob es sich um einen breiten Gang oder um eine außergewöhnlich breite Mylonitzone handelt.

Um so sicherer ist dafür die Deutung des SSE von Aozou gelegenen Ganges, der mit 8 km zugleich der längste ist. Sein Verlauf ist wieder winklig; N-S, E-W und um NE-SW streichende Richtungen — sie alle treten auch im Kluftnetz auf — herrschen vor.

Beide Gänge gehen in Deckenreste über; sie kommen daher als Förderspalten der Deckenergüsse in Betracht. Gleiches vermutet BUSCHE (mündl. Mitteilung) von den Gängen südlich Bardai.

Kürzer und weniger auffallend im Grauton sind die sauren Gänge. Wie im Falle der Extrusivkuppen, so sind auch hier keine morphologisch erhabenen Frittungszonen zu beobachten. Dafür stellen die Gänge selbst — ähnlich den Extrusivkuppen — Härtlinge dar.

4.2.4 Die Sedimente

Die unverfestigten Sedimente der Sandschwemmebenen, Schwemmfächer, Flugsandflächen und Enneris wurden photogeologisch kartiert, aber nicht untergliedert und gegeneinander abgegrenzt. Detaillierte Terrassenuntersuchungen, die den Hauptteil der Beobachtungen am Lockergestein ausmachen würden, liegen zudem für die Umgebung von Bardai vor (JÄKEL, 1967, 1971; MOLLE, 1969, 1971).

Auch für die Sedimente spielt der Grauton eine nicht unbedeutende Rolle in der Differenzierung unterschiedlich alter Terrassen bzw. verschiedener Materialien, da z. T. erhebliche Grautondifferenzen selbst innerhalb der Terrassen auftreten können (Abb. 32). Während die Terrassen jedoch meist etwas dunklere Grauwerte besitzen, sind die Sandschwemmebenen durchweg von hellerer Farbe, da hier noch rezente Umlagerungen stattfinden, wie die Fließlinien (siehe Abb. 31) verraten.

4.3 Tektonik

Tektonische Probleme mit Hilfe der Luftbildanalyse anzugehen, ist von thematisch bedingtem, wechselndem Erfolg gekrönt. So stellt die Auswertung des Kluftnetzes am Stereotop eine schnelle und elegante Methode dar. Für die Schnelligkeit spricht z. B., daß in einem gut geklüfteten Gestein — wie es im Quatre-Roches-Sandstein vorliegt — bis zu 150 Klüfte eines mehrere km² großen Bereiches in 15 min. kartiert werden konnten.

Eine geringfügige Einschränkung erfährt die Anwendung der Photogeologie für die Kluftanalyse im steilen Gelände, da hier, um Fehler zu vermeiden, nur Klüfte mit einem annähernd saigeren Einfallen von 70° bis 90° berücksichtigt werden können (LIST, 1968, 1969). Zudem wirken sich natürlich die Aufschlußverhältnisse auf die Dichte der Photolineationen aus, wie KRONBERG (1969) betonte. Ansonsten ist man sich einig, daß die Photogeologie wesentliche und vor allem wirtschaftliche Beiträge zur Kluftanalyse bieten kann (MARCHESINI et al., 1962) und daß sich selbst Klüfte im Luftbild erkennen lassen, die im Gelände nicht zu erfassen waren (LATTMAN und NICKELSEN, 1958).

Das Erkennen von Faltenstrukturen wird durch das Raumbild erleichtert (GERARDS, 1962; STOCK, 1972) oder erst ermöglicht (HELMCKE, 1970). Auch zur Erfassung bruchtektonischer Formen wurde die Photogeologie u. a. von BODECHTEL und SCHERREIKS (1968), HAGEN (1952), HELBING (1938) und HOLZER (1964) hinzugezogen. Aber gerade hier müssen einige Bedingungen erfüllt sein, ohne die die photogeologische Ausbeute nur gering bleibt.

Im Falle des Quatre-Roches-Sandsteins z. B. zeigte es sich, daß das Kluftsystem ausgezeichnet zu erkennen und zu kartieren war. Die Ermittlung von Relativbewegungen mit nur geringem Versatz blieb jedoch im Vergleich zu der Zahl der kartierten Klüfte verschwindend klein, da es an Leithorizonten fehlte.

Mangels Leitfossilien hatte FALKE (1954) eine Gliederung des pfälzischen Unterrotliegenden mit Hilfe von Leithorizonten, Leitfolgen und Leitgruppen, also anhand petrographischer Leitmerkmale durchgeführt. Nach dem gleichen Prinzip muß in der Photogeologie vorgegangen werden. Die Leitfossilien werden im günstigen Fall durch Leithorizonte, ansonsten durch Leitfolgen ersetzt. Dank ihrer besonderen petrofaziellen Merkmale dienen somit Basissandstein, Quatre-Roches-Sandstein, Tabiriou- und Eli-Yé-Sandstein als Leitfolgen. Dies bedeutet, daß größere Versetzungsbeträge wiederum gut zu kartieren sind.

4.3.1 Die Photolineationen und ihre Untergliederung (Definitionen)

Da bisher in der photogeologischen Literatur keine einheitliche Abgrenzung jener Klüfte und Störungen beschreibenden Begriffe angetroffen wird, soll zunächst eine Übersicht über die verwendete Terminologie gegeben werden.

BLANCHET (1957) unterscheidet zwischen Photolineationen bis 2,5 Meilen Länge, die er „microfractures" nennt und Photolineationen von 2 bis 50 Meilen, die er als „macrofractures" bezeichnet. MOLLARD (1957) spricht von „lineaments" oder „surficial lineaments". Ebenfalls von „lineaments" sprechen HENDERSON (1960), KUPSCH und WILD (1958) und RENNER (1960), wobei HENDERSON noch eine weitergehende Differenzierung in „vegetation lineaments", „lineaments due to incised fractures", „lineaments expressed in stream courses" etc. vornimmt. RENNER (1968: 12) definiert den Begriff „lineament" wie folgt: „the term ‚lineament' is used here to refer to the photo impression of joints and fractures with little or no displacement."

LATTMAN (1958) wählt die Begriffe „lineaments" und „photogeologic fracture traces" oder kurz „fracture traces". Letztere definiert er als „natural linear features, on aerial photographs, that are less than one mile long". Der Terminus „lineament" wird von LATTMAN und NICKELSEN (1958), LATTMAN und MATZKE (1961) und LATTMAN und SEGOVIA (1961) nicht mehr verwandt.

BROWN (1961) und PRESSMAN (1963) benutzen ebenfalls nur den neutralen Begriff „airphoto linears". Die Verwendung von „fracture traces" oder „airphoto linears" erscheint Verf. günstiger, da dem Begriff „Lineament" bereits ein anderer Sinn unterliegt. Nach LATTMAN und NICKELSEN (1958) wurde „lineament" zuerst von HOBBS (1911) für „significant lines in the earth's face" und bei HILLS (1953: 48) als „world-wide pattern in features such as faults, fractures, and major relief forms, for example continental margins and submarin ridges" verwandt. METZ (1967: 243) bezeichnet linear den Kontinent durchziehende, tiefgreifende Strukturzonen als Lineamente und folgt damit H. CLOOS (1948) und H. STILLE (1947). Letzterer spricht z. B. von einem Mittelmeer-Miösen-Lineament oder einem Grönland-Pontus-Lineament.

Allerdings bürgert sich auch im deutschen Sprachgebrauch der Begriff Lineament für Photolineationen ein. Zwar spricht BODECHTEL (1969) noch von „Photolineamenten", es besteht aber die Gefahr, daß die Silbe „Photo..." weggelassen und dann von Lineamenten gesprochen wird, wie es bereits bei STOCK (1972: 34) geschieht, der sie als „geradlinige, durch die Morphologie oder den Grauton erkennbare lineare Elemente" definiert, „die sich über eine Länge von mehr als 1,5 km erstrecken und die keinen sichtbaren Versatz aufweisen". Hier decken sich die Begriffsinhalte des photogeologischen und des tektonischen Lineamentes nicht mehr. *Der Terminus Lineament sollte daher vom Photogeologen als descriptiver Begriff nur verwendet werden, wenn tiefgreifende Großstrukturen, also Lineamente im geotektonischen Sinne vorliegen.*

STOCK (1972) stellt die Lineamente den Photolineationen unter 1,5 km Länge gegenüber, die er als „Klüfte" bezeichnet. Er folgt damit z. T. LATTMAN (1958), z. T. LIST (1968), der in Anlehnung an SCHMIDT-THOMÉ (1953) den allgemein gefaßten Begriff „Kluft" für „fracture traces" als die günstigste Übertragung ins Deutsche ansieht. Neben den Klüften, die die Großzahl der im Luftbild erkennbaren Trennfugen ausmachen, spricht LIST (1968: 209) jedoch von „Störungen", die er folgendermaßen definiert: „Als ‚Störungen' werden nur diejenigen tektonischen Flächen ausgeschieden, die entweder eine deutliche, sichtbare, gegenseitige Versetzung im Nebengestein bewirken oder sich durch tiefgreifende Zerrüttung des Anstehenden (erkenntlich an der starken Einkerbung durch die Erosion) auszeichnen."

Diese insgesamt verwirrende Vielfalt unterschiedlich interpretierter Begriffe führt dazu, daß jeder Autor den Sinn der von ihm verwendeten termini technici neu definieren muß. Dies soll nachfolgend geschehen. Es wird jedoch darauf hingewiesen, daß die nachstehenden Ausführungen nur vorläufigen Charakter haben und eine umfassende Präzisierung der photogeologischen Nomenclatur einer späteren Arbeit vorbehalten bleiben soll.

Der Terminus K l u f t n e t z versteht sich von selbst. Er umfaßt die Gesamtheit der Klüfte und Störungen.

P h o t o l i n e a t i o n wird nachfolgend als völlig wertungsfreier Begriff — als Oberbegriff— aufgefaßt. Hierunter fallen alle im Luftbild erkennbaren „geradlinigen oder schwach gekrümmten Elemente des Landschaftsbildes" (KRONBERG, 1967 b: 165), und zwar ohne Ansehen ihrer Länge oder der Art ihres Hervortretens, also sowohl Vegetationsreihen als auch ausgeräumte Klüfte, geradlinige Flußläufe, Ruschelzonen, Linien abrupter topographischer Wechsel etc.

K l u f t kennzeichnet den von SCHMIDT-THOME (1953: 6) erläuterten und von LIST (1968) auf die Photogeologie ausgedehnten Sachverhalt: es werden nicht nur bloße Gesteinsfugen, an denen keine Bewegungen stattgefunden haben, als Kluft bezeichnet, sondern auch solche mit geringen Bewegungen akzeptiert. SCHMIDT-THOME (1953) betont, daß der Übergang zwischen Klüften und Störungen kontinuierlich ist.

Abb. 33 soll zusätzlich demonstrieren, wie eine „Kluft" im Gelände aussehen kann, die im Luftbild, Maßstab 1 : 50 000, kaum ins Auge fällt. In diesem Falle war im Aufschluß eine Kluftdrängung von ca. 30 Klüften zu beobachten, die in einem mittleren Abstand von 30 cm (min. 10 cm, max. 105 cm) ± parallel verlaufen. Selbstverständlich ist nicht die Einzelkluft, sondern nur der durch die intensivere Klüftung schneller erodierte Einschnitt als „Kluft" im Luftbild zu erkennen. Der in der Photogeologie benutzte Terminus „Kluft" umfaßt damit sowohl Einzelklüfte als auch Kluftscharen. LATTMAN und MATZKE (1961: 435) haben diesen Sachverhalt folgendermaßen beschrieben: „fracture traces are the surface expression of joints or zones of joint concentration."

S t ö r u n g e n sollen tektonische Trennlinien bezeichnen, an denen größere Bewegungen stattgefunden haben. Naturgemäß handelt es sich hierbei meist um Photolineationen größerer Erstreckung, jedoch wurden auch Versetzungsbeträge an kürzeren Photolineationen festgestellt, die definitionsgemäß ebenfalls als Störungen zu bezeichnen sind. Die Relativbewegungen können dabei einerseits im Luftbild anhand des Versatzes erkannt werden (unterschiedliche Grauwerte bzw. Grautonabfolgen oder abrupte morphologische Wechsel beiderseits der Photolineation). Andererseits lassen sich aber auch Bewegungen aus den vorgefundenen Geländeverhältnissen ableiten, so z. B. bei starker, auf tiefgreifende Zerrüttung des Anstehenden zurückzuführenden Einkerbungen der Geländeoberfläche (siehe Definition LIST, 1968) oder aber — und hier erfährt die Definition von LIST eine Erweiterung — bei morphologischer Herauspräparierung von Ruschelzonen, Störungsbrekzien und Myloniten (Abb. 34, 35). Gerade diese p o s i t i v e n P h o t o l i n e a t i o n e n, wie Verf. sie im Gegensatz zu den ausgeräumten, n e g a t i v e n P h o t o l i n e a t i o n e n nennen möchte, dokumentieren besonders deutlich, daß hier Bewegungen stattgefunden haben, während bei den negativen Photolineationen die Trennung zwischen Kluft und Störung weniger scharf ist.

Die Vielfalt der Photolineationen kann anhand ihrer Morphologie (positive oder negative Form) und ihres, im Verhältnis zum Nachbargestein veränderten Grautons wie folgt in einem Photoschlüssel erfaßt werden:

Tabelle 4

Photoschlüssel der Photolineationen

Grauton (im Verhältnis zum Nachbargestein)	Morphologie	Verlauf	Deutung
heller	negativ	geradlinig, z. T. winkliges Abknicken	eingesandete Klüfte (häufig im QRS)
heller	negativ	winkliges Abknicken, z. T. gekrümmt	das Kluftnetz nachzeichnende Trockentäler
heller	positiv	z. T. geradlinig, z. T. gekrümmt	saure Gänge
dunkler	negativ (oft positive Ränder)	z. T. geradlinig, z. T. gekrümmt	basische Gänge
dunkler	positiv	meist geradlinig	Störungsbrekzien, Mylonite, zementierte Klüfte etc.
dunkler	schwach negativ ± eben	geradlinig	Klüfte

4.3.2 Die gesteinsspezifische Klüftigkeit

Ein Blick auf die photogeologische Karte zeigt, daß analog zu den unterschiedlichen Entwässerungsnetz-Dichten auch die Dichte der Kluftnetze bei den einzelnen Gesteinseinheiten variiert. Dies läßt vermuten, daß auch die Kluftnetzdichte als gesteinsspezifischer Parameter betrachtet werden kann, vor allem, da sie selbst auf Inhomogenität im Untergrund recht empfindlich reagiert, wie eine Untersuchung von BLANCHET (1957) ergab. Mit Hilfe einer s t r u c t u r e i n t e n s i t y m a p konnte er den Einfluß eines im Untergrund verborgenen Bioherms nachweisen.

Ähnlichen Überlegungen folgend zeichnete HENDERSON (1960: 58) d e n s i t y c o n t o u r s für eine Kluftnetzkarte, indem er ein 2×2-km-Netz über die Karte breitete und für jeden Quadranten die Dichte (= Gesamtlänge aller Photolineationen und Teilstücken von Photolineationen in km pro Quadrant) bestimmte und im Schnittpunkt der Diagonalen eines jeden Quadranten eintrug. HENDERSON (1960: 58 f.) bemerkt hierzu: „the contour map shows clearly that there are certain areas which show significantly higher values of lineament density. Investigations of these areas has shown, however, that there is no need to postulate structural or lithological control for most of these ‚anomalies' and that there are simpler explanations."

Auch PRESSMAN (1963: 196) erstellte eine a i r p h o t o l i n e a r m a p. Er stellt fest: „the wooded zones, usually on topographic highs, are almost represented by high linear densities while along cleared areas (mostly farms) airphoto linears are scarce." Diese Ergebnisse sind jedoch aus tektonischer und petrographischer Sicht unbefriedigend.

Günstiger sahen die folgenden Ergebnisse aus. LIST (1968) ermittelte den K l ü f t i g k e i t s i n d e x (= Anzahl der Klüfte pro 1 km²) nach der Methode von HENDERSON (1960) und konnte so Unterschiede in den Kluftnetzdichten für Wettersteinkalk, Raibler Schichten und Hauptdolomit im Heiterwand-Gebiet aufzeigen. STOCK (1972) errechnete den Klüftigkeitsindex K für einige Bereiche in den Metamorphiten, Graniten und Sandsteinen des Tibesti-Gebirges und erhielt K = 40 für Granite und Sandsteine und K = 10 bis 20 für die Metamorphite.

Diese Werte sind zur Charakterisierung unterschiedlicher Gesteinseinheiten im Photoschlüssel verwendbar. Es dürfte hier aber die gleiche Einschränkung gelten, die bereits für den Parameter „Flußnetzdichte" geltend gemacht wurde: Die K-Werte können schwerlich von einem Bearbeiter auf einen anderen übertragen werden, da der nicht zu unterschätzende subjektive Einfluß nicht auszuschalten ist. Ist es doch der Interpret, der den untersten Schwellenwert der streichenden Erstreckung einer Kluft festlegt, ab der er die Klüfte in die Interpretation aufnimmt. Außerdem dürften sich auch der Erfahrungsstand, das Engagement und die Voreingenommenheit (eine bestimmte, erwartete Kluftrichtung wird intensiver kartiert, andere Richtungen u. U. vernachlässigt) des Interpreten auf die Kartierung auswirken.

Neben den persönlichen Faktoren stehen wieder die instrumentellen, aufnahme- und kartiertechnischen Faktoren, wie

— Vergrößerung des Auswertegerätes,
— Überhöhung des Reliefs,
— Sonnenstand während der Aufnahme,
— Maßstab der Luftbilder,
— Maßstab der Karte

die insgesamt die Erkennbarkeit bzw. die Darstellbarkeit der Klüfte beeinflussen. Die K-Werte sollten daher nur qualitativ, nicht quantitativ verwertet und beim Vergleich der Werte mehrerer Autoren nur die relativen Änderungen bestimmter Gesteinseinheiten verglichen werden.

4.3.3 Der Klüftigkeitsindex der untersuchten Gesteinseinheiten

In Anbetracht der obigen Einschränkung sollen nachfolgend die Kluftnetze der einzelnen Einheiten beschrieben werden.

T i b e s t i e n : Die Kluftdichte ist in den Metamorphiten wesentlich geringer als in den Sandsteinen. Nach der von HENDERSON (1960) und LIST (1968) vorgeschlagenen Methode (die Kantenlänge des Auszählquadranten beträgt 2 cm, d. h. ein Quadrant erfaßt 1 km²) wurde K = 0-5 ermittelt. Eine Ausnahme bildet der westlich Bardai gelegene Bereich, der mit K = 10-15 eine ähnlich hohe Kluftnetzdichte aufweist, wie die Sandsteine.

Die Photolineationen fallen beinahe ausschließlich durch den geradlinigen Verlauf des Entwässerungsnetzes auf. Eingesandete Kerbtäler werden zusätzlich durch den hellen Grauton der Sedimente betont. Positive Photolineationen werden selten beobachtet (z. B. SW Aozou). Sie scheinen außerdem weniger durch tektonische Bewegungen als durch Vulkanismus hervorgerufen zu sein. Relativbewegungen sind sehr schwer zu erkennen.

B a s i s s a n d s t e i n : Da der Basissandstein nur in kleineren Flecken aufgeschlossen ist, konnten keine statistisch repräsentativen Werte gewonnen werden. Mit K = 5-15 ist dennoch eine Erhöhung der Kluftdichte gegenüber dem Tibestien festzustellen.

Westlich Bardai wird eine Betonung der E-W-Richtung gegenüber anderen Kluftrichtungen festgestellt. Die Erklärung hierfür ist in dem flachen (15°), nach E gerichteten Einfallen zu sehen, da die E-W streichenden Klüfte von dem z. T. spalierartigen Entwässerungsnetz — das jedoch in dem relativ feinkörnigen, kompakten Sandstein nur eine geringe Eintiefung zeigt — stärker nachgezeichnet wurden.

Relativbewegungen an Störungen sind nicht leicht zu erkennen.

Quatre-Roches-Sandstein: Durch die grobklastische Fazies und die geringe Erosionsresistenz ist der Quatre-Roches-Sandstein für eine starke Ausräumung der Klüfte und Störungen prädisponiert. Die Kluftdichte ist erwartungsgemäß hoch: sie erreicht von allen Gesteinseinheiten mit K = 15-35 die höchsten Werte. Dabei sind stellenweise die Klüfte im Luftbild so eng geschart, daß sie nicht alle kartiert werden konnten. Dies läßt den obenerwähnten Einfluß von Bild- und Kartenmaßstab auf den K-Wert erkennen. Zusätzlich wird gerade im intensiv geklüfteten Quatre-Roches-Sandstein beobachtet, daß

— die Kluftdichte stärker schwankt, was in dem Dichtewert-Intervall K = 15-35 zum Ausdruck kommt,

— in manchen Bereichen eine Kluftrichtung stark vorherrscht, die in anderen wieder unterdrückt ist,

— in einzelnen Fällen die eng gescharten Klüfte lediglich subparallel verlaufen, so daß hieraus ein Auffächern resultiert.

Gerade die letzten beiden Beobachtungen können für die Deutung von Kluftrosen von Bedeutung sein.

Die Photolineationen zeichnen sich in fast allen Fällen durch geradlinig verlaufende, tiefe Einkerbungen, nicht selten aber auch durch positive Verwitterungsformen ab. An letzteren dürften sich mit Sicherheit Bewegungen abgespielt haben. Relativbewegungen innerhalb des Quatre-Roches-Sandsteines sind dank fehlender Leithorizonte nicht zu erkennen.

Tabiriou-Sandstein: Eine vom Quatre-Roches-Sandstein völlig abweichende Klüftigkeit wird im Tabiriou-Sandstein angetroffen. Sie ist bei weitem nicht so engständig — der Klüftigkeitsindex beträgt K = 5-10 — und sie wird auch nicht durch tiefe Einkerbung betont. Dafür lassen sich die Klüfte und Störungen durch Grautondifferenzen längs der Photolineationen, häufig auch durch geradlinige, dunkle, positive Formen erkennen. Während in dem Quatre-Roches-Sandstein die Klüfte überwiegen dürften, sind im Tabiriou-Sandstein eher die Störungen aus dem Luftbild zu entnehmen. Der relative Versatz ist dank der guten Schichtung und der damit verbundenen Grautonwechsel auch innerhalb des TS erkennbar.

Eli-Yé-Sandstein: Zwar weitständige, aber tiefe Einkerbungen zeigt dagegen wieder der Eli-Yé-Sandstein. Für ihn wurde K = 5-15 ermittelt, jedoch konnte hier in Anbetracht der geringen Aufschlußfläche nur ein relativ kleiner Bereich quantitativ erfaßt werden. Die Erkennbarkeit von Relativbewegungen ist durch das relativ einheitliche Gestein stark erschwert.

Magmatite: Unter den magmatischen Gesteinen sind lediglich die Granitintrusionen von Interesse, da die übrigen Magmatite meist eine für eine Messung unzureichend große Fläche aufweisen, oder die Klüftung wie im Falle der Deckenbasalte durch eine Schuttdecke (Abb. 23) verborgen ist. Für die Granite wurde K = 10-20 ermittelt.

4.3.4 Die Richtungsverteilung der Photolineationen

Im Gegensatz zu der Kluftnetzdichte ist die Ermittlung der Richtungsverteilung weniger zahlreichen Störfaktoren unterworfen und nach RENNER (1968) ergeben von mehreren Autoren erstellte Kluftanalysen im wesentlichen das gleiche Bild. Da die durch den Schnitteffekt zwischen Hang und Photolineation hervorgerufenen Winkelabweichungen unter 10° bleiben — die Hangneigung übersteigt selten 30° — sind die Voraussetzungen gegeben, eine Kluftanalyse anhand der photogeologischen Karte vorzunehmen (LIST, 1968).

Zwar haben LIST und STOCK (1969) und STOCK (1972) bereits für das Tibestien eine Zugehörigkeit des Kluftnetzes zu einem wrench-fault system im Sinne von MOODY und HILL (1956) erkannt, eine genauere Untersuchung der Sandsteine steht jedoch noch aus. So sollen nachfolgend einige Sandsteinbereiche ausgewertet werden. Die Ergebnisse sind in Fig. 7 festgehalten worden. Dabei wurden die Azimute der addierten absoluten Längen der Klüfte dargestellt. Eine Gegenüberstellung unterschiedlicher Meßverfahren — z. B. Darstellung der addierten, absoluten Längen, Darstellung der Kluftanzahl, Darstellung der gewichteten Klüfte — ergab nach HENDERSON (1960), RENNER (1968) und STOCK (1972) keine abweichenden Ergebnisse, so daß die Wahl der Darstellungsmethode keiner besonderen Berücksichtigung bedarf. Im vorliegenden Falle wurden die Gesamtlängen in mm ermittelt und der prozentuale Anteil pro Azimut abgetragen, wobei der Spannrahmen der Histogramme 180°, die Spannweite der Größenklassen 10° umfaßt und die Grenzpunkte bei 4°/5°, 14°/15°, 24°/25° usw. liegen.

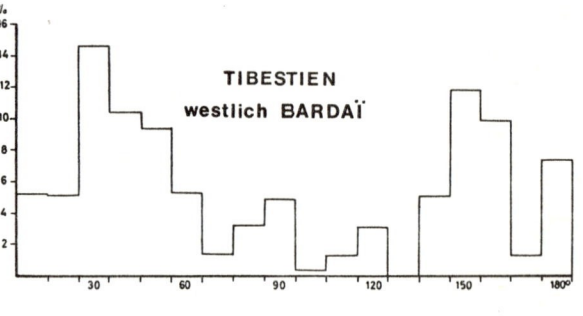

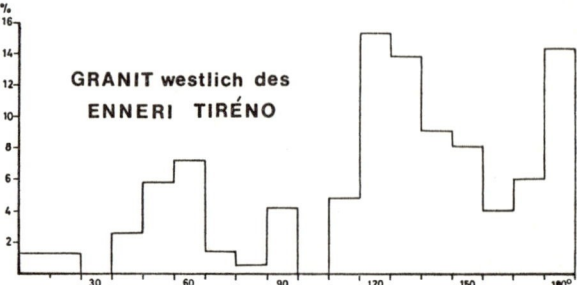

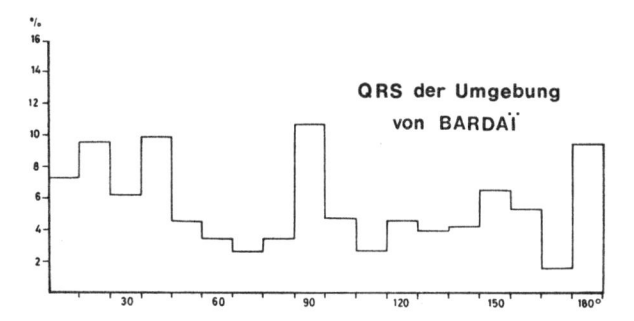

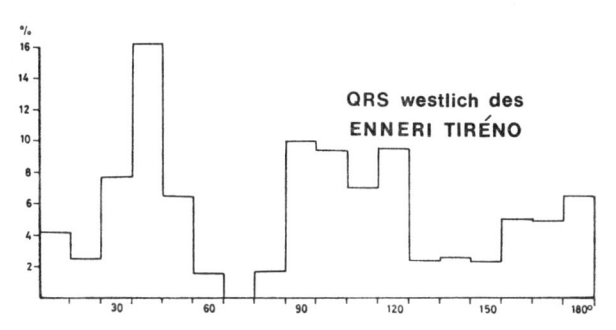

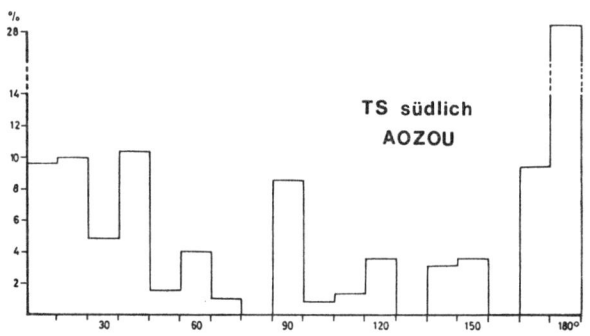

Fig. 7 Histogramme zur Kluftrichtungsverteilung im Tibestien westlich Bardai, im Granit westlich des Enneri Tiréno und im Quatre-Roches- und Tabiriou-Sandstein.

Es zeigte sich, daß die Histogramme der Sandsteine bei Bardai als auch bei Aozou ein recht ähnliches Bild ergeben. So liegen deutlich ausgeprägte Maxima bei 40°, 90° und 180°, schwächere zeigen sich z. T. bei 20°, 60°, 120° und 150°. Auffallend sind die gegenüber dem Quatre-Roches-Sandstein deutlicher ausgeprägten Maxima des Tabiriou-Sandsteins. Dies dürfte mit dem Mangel an kleineren Klüften zusammenhängen, die, wie bereits am Kluftnetz der photogeologischen Karte zu beobachten ist, im Quatre-Roches-Sandstein besonders in der 90°- bis 120°-Richtung massiert auftreten. Während sich im Tabiriou-Sandstein in erster Linie die großen Klüfte und Störungen abzeichnen, sind im Quatre-Roches-Sandstein auch die kleineren, dafür aber meist dicht gescharten Klüfte zu erfassen (siehe Kap. 4.3.2).
Der von stärkerer Bruchtektonik betroffene Bereich im Tibestien westlich Bardai weist ebenfalls relative Maxima bei 30°, 90°, 120°, 150° und 180° auf, wobei diejenigen bei 30° und 150° besonders betont sind und bereits >25 % der Werte auf sich vereinen. Die Übereinstimmung mit dem Sandstein ist dennoch deutlich; dies bedeutet, daß die vermutlich durch den Granit hervorgerufene Inhomogenität im Untergrund (siehe Kap. 4.2.1.1) zwar einen Einfluß auf die I n t e n s i t ä t der Klüftung, nicht aber auf die K l u f t r i c h t u n g hatte. Ein prätektonisches Aufdringen des Granites wäre demnach wahrscheinlicher als eine posttektonische Platznahme.

Anders verhält es sich beim Kluftnetz des Tiréno-Granites, das zwar relative Maxima bei 60°, 90°, 120° und 180° aufweist (die beiden zuletzt genannten Richtungen sind besonders betont), die 30°- bis 40°-Richtung fehlt aber fast völlig. Dies ist umso erstaunlicher, da gerade in der 30°- bis 40°-Richtung die Bewegungen an den großen Lineamenten stattgefunden haben, die selbst den Tiréno-Granit in zwei Blöcke zerlegten.

Im allgemeinen kann gesagt werden, daß die Kluftrichtungen in den Sandsteinen sich relativ gut einem von MOODY und HILL (1956) entworfenen wrench-fault system einfügen. Bei einer Richtung von 30° für die Haupt-Blattverschiebung (master shear) fordern MOODY und HILL für die Scherflächen 2. Ordnung 105°- und 165°-Richtungen (Abb. 8), die jedoch wegen der bei 104°/105° und 164°/165° liegenden Grenzpunkte auf die benachbarten Richtungen verteilt wurden und dadurch weniger stark in Erscheinung treten. Dafür stimmen die bei 30°, 60°, 120° und 150° geforderten Scherflächen 3. Ordnung umso besser mit den gemessenen Werten überein (Fig. 7).

Interessant ist auch, daß das Kluftnetz im Gebiet der Trou-au-Natron-Caldera die gleichen relativen Maxima aufweist, wie die Sandsteine bei Bardai oder Aozou (ROLAND, 1974). Damit dürfte ein großräu-

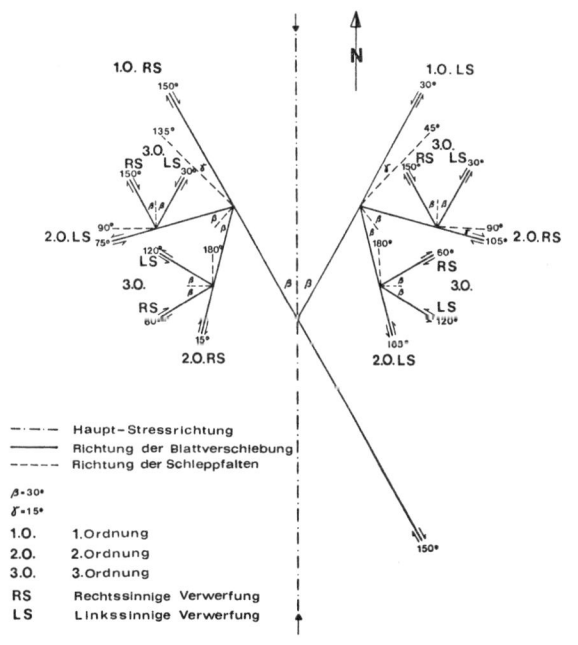

Fig. 8 Wrench-fault tectonic System (Blattverschiebungssystem) nach MOODY und HILL (1956) bei einer Hauptstreßrichtung von 0°.

miger, tektonischer Beanspruchungsplan anzunehmen sein, der sich zumindest in dem 130 km breiten Streifen zwischen Toussidé—Trou au Natron und Aozou nicht ändert.

4.3.5 Die bruchtektonischen Großstrukturen (Vertikal- und Horizontalbewegungen)

Im Gegensatz zu kleineren Verwerfungen können, wie bereits in Kap. 4.3 erwähnt wurde, Verwerfungen mit größeren Sprunghöhen dank des Leitfolgencharakter der einzelnen Sandsteineinheiten gut erkannt werden. Im einzelnen konnten die aus der photogeologischen Karte ersichtlichen Strukturen kartiert werden (siehe auch Fig. 9, 10).

Nachweise für eine mesozoische, germanotype Tektonik ließen sich sowohl bei Bardai als auch bei Aozou finden. Der nördliche Bereich war jedoch in tektonischer Sicht der interessantere, was z. T. seine Ursache in der großräumigeren Erfassung des Aozou-Bereiches hat, die erst den Überblick über Großstrukturen ermöglicht.

Südlich Bardai sind zwei, NE-SW streichende und über einige Kilometer zu verfolgende Photolineationen aufgeschlossen, die beide eine Absenkung der westlichen Scholle erkennen ließen. Der gleiche Verwerfungssinn — jedoch im Zentimeter- bis Dezimeter-Bereich — ist an Klüften im Basissandstein westlich Bardai zu beobachten. Eine Absenkung der östlichen Scholle lassen dagegen zwei weitere Störungen erkennen und zwar die N-S verlaufende Photolineation im NW von Bardai und die NW-SE streichende Verwerfung, die den Tabiriou-Sandstein gegen den Quatre-Roches-Sandstein versetzt hat. Größere Zusammenhänge sind leider wegen des zu kleinen Gebietes nicht zu erkennen.

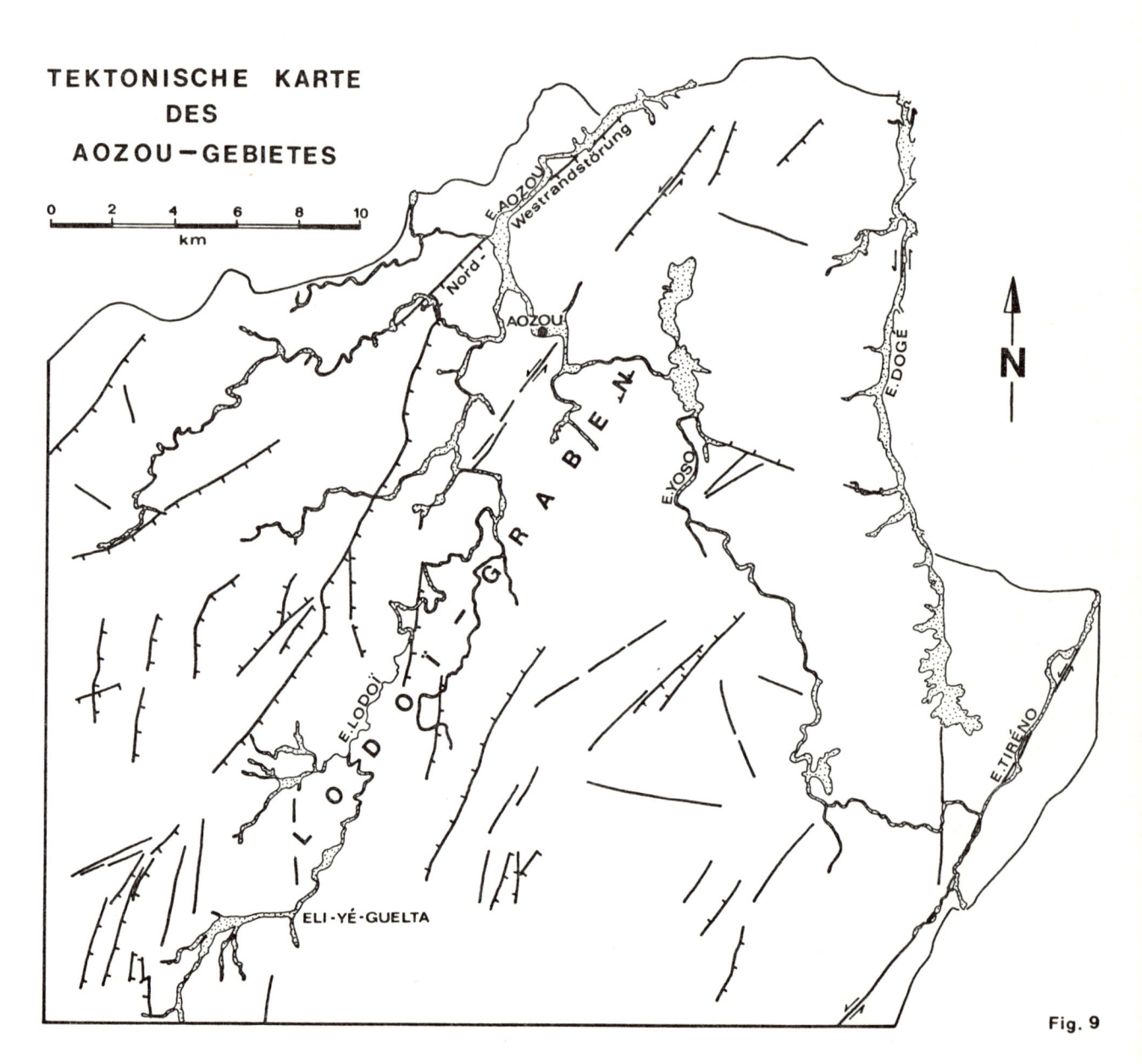

Fig. 9

Fig. 10

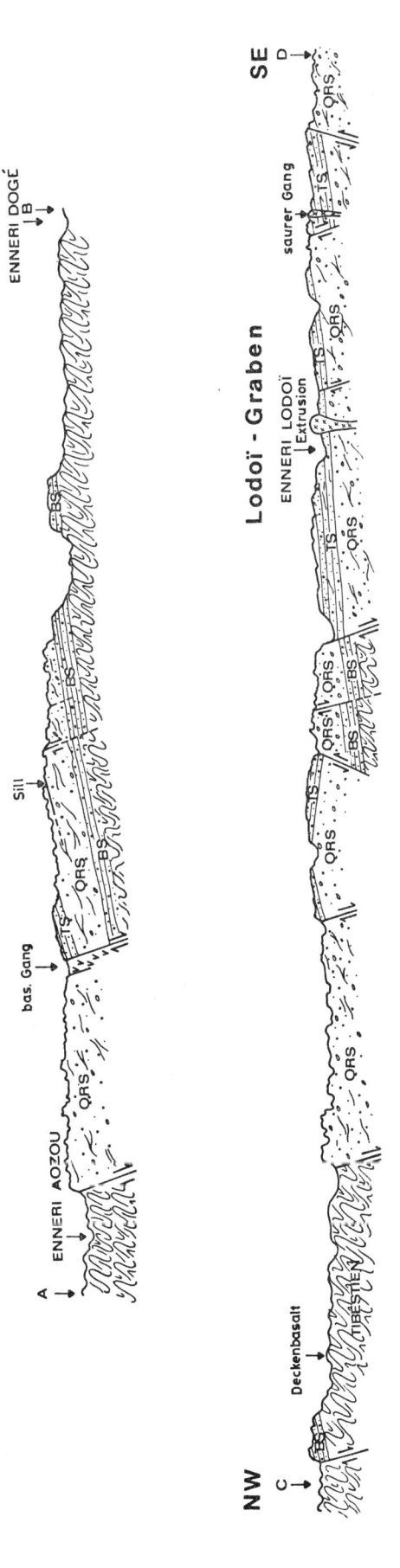

Schematische Profile durch die Sandsteinserien nördlich AOZOU (A-B) und nördlich EHI LODOÏ (C-D)

Anders verhält es sich südlich Aozou. Hier wurde folgende Situation angetroffen:

Allgemein fallen die Sandsteine flach (meist um 20°) nach W ein, so daß man von E nach W die natürliche, ungestörte Abfolge von Tibestien, Basissandstein, Quatre-Roches-Sandstein und Tabiriou-Sandstein antrifft. Im W wird der Tabiriou-Sandstein dann von Störungen begrenzt, die ihn im SW gegen QRS, im NW gegen das Tibestien versetzen. In Unkenntnis der Gesamtmächtigkeit von BS, QRS und TS ist für diese Verwerfung keine exakte Sprunghöhe anzugeben. Sie dürfte jedoch 150 m übersteigen.

Die Richtung jener Nordwestrand-Störung schwankt zwischen NNE-SSW und NE-SW, wobei drei kleine, etwa NW-SE streichende Bajonettsprünge die Störung jeweils um 500 bis 1000 m nach SE versetzen. Die im N vorgegebene NE-SW-Richtung — sie ist identisch mit dem in gleicher Richtung verlaufenden Teilabschnitt des Enneri Aozou, unterhalb der Oase Aozou — wird jedoch gleichzeitig beibehalten und ist nach ca. 5 km, in denen sie in den Metamorphiten verläuft ohne sich deutlich abzuzeichnen, wieder an ihrem Versatz von Quatre-Roches-Sandstein gegen Tibestien erkennbar. Da zwischen diesen beiden, nach SE einfallenden Abschiebungen die Schichtung — soweit erkennbar — nach W-SW einfällt, kann von einer antithetischen Schollentreppe gesprochen werden. Ihr Bau wird durch einen, zwischen beiden Verwerfungen gelegenen Graben komplizierter gestaltet. Die den kleinen Graben begrenzenden Verwerfungen konvergieren nach Süden. Die Grabenfüllung besteht aus Tabiriou-Sandstein. Da dieser die Schichtung deutlicher als alle übrigen Sandsteineinheiten erkennen läßt, konnten hier Schichtkämme mit Fallzeichen in die Karte eingetragen werden, die eindeutig eine lokale Aufwölbung des Sandsteins erkennen lassen. Es mag daher nicht ganz unberechtigt sein, hier von einem Scheitelgraben (CLOOS, 1939) zu sprechen, auch wenn es sich um ein kleinräumiges Gebilde handelt. Als Ursache für Aufwölbung und Einbruch könnte u. U. wieder der in der Umgebung stark vertretene saure Vulkanismus verantwortlich sein.

Etwa 3 km östlich der oben beschriebenen Nordwestrand-Störung zieht eine weitere, NE-SW streichende Verwerfung mit abschiebendem Charakter von NE in den Sandsteinkomplex. Nordöstlich von Aozou ist sie durch einen 250 m breiten, geradlinig verlaufenden Gang gekennzeichnet. Sie führt dann am Ostrand der Oase Aozou vorbei und ist südlich des Enneri Aozou als positive Photolineation zu verfolgen, die sich ca. 4 km SSW der Oase in einem Streifen strukturlosen Sandsteins fortsetzt und z. T. Verbiegungen und Faltungen im angrenzenden Gestein hervorgerufen hat. Dies dürfte darauf hindeuten, daß entlang jener Photolineation Bewegungen stattgefunden haben, die teils das Nachbargestein gestaucht, teils zu einer Mylonitisierung entlang der Bewegungsbahn geführt haben. Ein horizontaler Versetzungsbetrag der westlichen Scholle relativ nach SW ist dabei anzunehmen.

Neben den beiden, bisher besprochenen Photolineationen, die alle eine Absenkung der östlichen Scholle erkennen ließen, ist eine weitere, ebenfalls NE-SW streichende Photolineation kartiert worden, die jedoch eine entgegengesetzte Einfallsrichtung aufweist und an der eine Absenkung der westlichen Scholle erfolgte. Da diese Verwerfung östlich der vorhergehend beschriebenen liegt, entstand ein im Mittel ca. 7 km breiter Graben, der nachfolgend als Lodoi-Graben bezeichnet wird, da der Enneri Lodoi etwa die Grabenmitte einnimmt. Die Grabenfüllung besteht in erster Linie aus Tabiriou-Sandstein. Nur in einigen tieferen morphologischen Einschnitten ist der Quatre-Roches-Sandstein angeschnitten. Da die gesamte Scholle nach W gekippt ist, d. h. die größere Absenkung an der westlichen Grabenrand-Verwerfung stattgefunden hat, treten diese Vorkommen von Quatre-Roches-Sandstein in erster Linie am Ostrand des Grabens auf. Die einzigen Relikte von Eli-Yé-Sandstein sind dagegen auf die westliche Grabenzone beschränkt. Kleinere Verwerfungen innerhalb des Lodoi-Grabens zeigen fast ausschließlich eine Absenkung der östlichen Scholle, so daß immer wieder antithetische Schollentreppen als Bauelemente angetroffen werden. Auch die östlich des Lodoi-Grabens gelegene Scholle ist wieder nach W gekippt; dadurch, wie bereits oben erwähnt, ist die Basis der Sedimentgesteinsabfolge am Ostrand des Sandsteinkomplexes aufgeschlossen.

Als weitere Großstrukturen sind jene, wiederum NE-SW und N-S streichenden Photolineationen zu nennen, die den Tiréno- und den Dogé-Granit durchschneiden (siehe Kap. 4.2.3.1) und für einen Versatz der westlichen Schollen relativ nach S sorgten. Im Falle des Tiréno-Granits ist zusätzlich ein von der Tiréno-Störung und einer ± N-S verlaufenden Störung begrenzter Keil eingebrochen, was zu einer Konservierung der ehemaligen Sandsteinbedeckung des Granites in diesem Bereich führte.

Diese großen, um 30° bis 40° streichenden Lineamente — in diesem Falle kann von Lineamenten im Sinne von H. STILLE (1947) und H. CLOOS (1948) gesprochen werden, da sie sich nach der „Carte géologique du Nord-Ouest de l'Afrique, Sahara Central, 1 : 2 000 000" z. T. weit über 100 km Länge verfolgen lassen — zeigen in allen hier beobachteten Fällen einen Versatz der westlichen Scholle relativ nach SW. Gleiches wurde von KLITZSCH (1970), LIST und STOCK (1969), STOCK (1972) und VINCENT (1963) berichtet.

Nach der Terminologie von ANDERSON (1951) und KENNEDY (1946) sind diese Lineamente als „wrench faults" zu bezeichnen und das „wrench-fault"-System von MOODY und HILL (1956) weist sie als master shears der Great-Glen-Richtung, eine der acht, von MOODY und HILL (1956) postulierten großen Scherrichtungen der Erdkruste, aus. Es ist die gleiche Richtung, die sich aus PAVONIs Gleitliniennetz (PAVONI, 1964) oder nach den Struktur-Experimenten von KNETSCH (1946) ergibt.

KLITZSCH (1970) machte den Zusammenhang der Lineamente mit der mesozoisch gebildeten Tibesti-Syrte-Schwelle deutlich, an deren Westrand es zu einer Einengung mit Aufschiebungen, am Ostrand zu Dehnungen mit antithetischen Abschiebungen, Horsten und Gräben kam. Die großen Lineamente wurden dabei im Verlaufe der Schwellenbildung als randparallele, ca. 40° streichende Verwerfungen angelegt, die oft eine horizontale Bewegungskomponente (westliche Scholle nach S versetzt) erkennen lassen.

Das Alter der Lineamente ist demnach mesozoisch, wobei jedoch vermutet wird, daß die Bewegungen z. T. bis ins Quartär andauerten. Dies dürfte ein linkes Seitental des Enneri Lodoi dokumentieren, das über eine Geländestufe ca. 30 bis 40 m zum Bett des Haupttales hin abfällt. Zwar handelt es sich nur um ein relativ kleines Entwässerungsbecken mit A = 1 km² und Σ L = 7 km (A = Fläche, Σ L = Gesamtlänge aller Segmente), es wäre aber anzunehmen, daß eine bereits präpluvialzeitlich vorhandene Stufe während der Pluvialzeit erodiert worden wäre. Da in der nördlichen und südlichen Verlängerung der Abbruchkante zusätzlich eine Photolineation zu beobachten ist, dürfte eine tektonische Erklärung dieses „Hängetales" nahe liegen. Auch an dieser N-S streichenden Störung ist die östliche Scholle relativ abgesenkt worden.

4.3.6 Die Faltenstrukturen

Von den gefalteten, epizonal-metamorphen Schiefern des Tibestien abgesehen, wurden in dem bearbeiteten Gebiet keine Faltenstrukturen ausgemacht. Einige Verbiegungen sind jedoch im Tabiriou-Sandstein zu erkennen, in den übrigen Sandsteineinheiten konnten sie dank mangelnder Leithorizonte nicht beobachtet werden.

Bereits erwähnt wurde die Aufbeulung in dem kleinen Graben SW Aozou und die durch die Blattverschiebung bei Aozou hervorgerufenen Verbiegungen. Aber auch bei Bardai, östlich des Enneri Dougie wurde eine muldenartige Verbiegung im Tabiriou-Sandstein festgestellt. Sie wird von zwei Störungen, u. a. von der erwähnten NE-SW streichenden Photolineation begrenzt. Eine leichte Verbiegung der Sandstein-Platten im TS wurde zudem im Bereich des locus typicus, nördlich der Tabiriou-Mündung und bei Zoui beobachtet. In allen Fällen handelt es sich jedoch um kleinräumige, lokale Gebilde, die in einem direkten Zusammenhang mit der Bruchtektonik stehen, und die bei germanotyper Orogenese durchaus zu beobachten sind.

5. Zusammenfassung

5.1 Inhaltsangabe und Schlußbetrachtung

Mit der vorliegenden Arbeit wird zum ersten Male ein größerer Komplex innerhalb des Sandsteinareals zwischen Bardai und Aozou (Tibesti-Gebirge) geologisch erfaßt und im Maßstab 1 : 50 000 dargestellt. Insgesamt sind >1000 km² kartiert worden; davon entfallen ca. 200 km² auf die südliche Umgebung von Bardai und ca. 800 km² auf den Raum südlich Aozou.

Zwei Ziele wurden mit der vorliegenden Arbeit verfolgt:
1. Die Klärung regionalgeologischer Sachverhalte stratigraphischer und tektonischer Art und
2. die Diskussion spezieller Probleme, die während der Anwendung der Photointerpretation bei geologischen Kartierungen auftreten.

Ad 1. Nachdem bereits bei photogeologischen Voruntersuchungen eine Dreiteilung der Sandsteine im Raume Bardai erkannt und durch Geländekontrollen bestätigt werden konnte, ergab sich bei der Kartierung des Gebietes südlich Aozou, daß hier eine 4. Sandsteineinheit zusätzlich aufgeschlossen ist. Da der Tabiriou-Sandstein anhand von *Pecopteris arborescens* SCHLOTH. dem Permokarbon zuzurechnen ist (ROLAND, 1971), konnte folgende Untergliederung und zeitliche Einstufung der Sandsteine erfolgen:

Hgd.	Eli-Yé-Sandstein (EYS)	Post-Permokarbon
▲	Tabiriou-Sandstein (TS)	Permokarbon
│	Quatre-Roches-Sdst. (QRS)	Prä-Permokarbon
│	Basissandstein (BS)	
Lgd.	Tibestien	Präkambrium

Neben den Sandsteinen waren die vulkanischen Erscheinungen von Interesse, da sie in vielfältigen Formen angetroffen werden. Nach photogeologischen Beobachtungen (völlig erodierte Schlote, stark gestörte Sills) und Geländebefunden (stark umgewandeltes, Melaphyr-Mandelstein ähnelndes Ganggestein) muß neben dem tertiär-quartären Vulkanismus noch eine ältere, zumindest präkretazische vulkanische Phase angenommen werden.

Schließlich wurden die tektonischen Verhältnisse, besonders im Aozou-Gebiet, näher untersucht. Hier wird ein recht einheitlicher Baustil angetroffen: die Schichten fallen flach nach W bis SW ein, so daß z. T. eine ungestörte Abfolge der Sedimente von E nach W zu beobachten ist. Vorwiegend 30° bis 40° streichende Lineamente, die in beinahe allen Fällen steil nach E einfallen, eine Absenkung der östlichen Scholle und/oder einen Versatz der westlichen Scholle relativ nach S erkennen lassen, sorgten für die Entstehung antithetischer Schollentreppen. Als größere Struktur wurde der Lodoi-Graben ausgeschieden.

Das Kluftnetz wurde in einigen Probebereichen analysiert. Eine gute Übereinstimmung zu dem „wrench-fault system" MOODY und HILLs (1956) war für den Bereich zwischen Toussidé und Aozou festzustellen. Für das gesamte Gebiet liegt ein gleichbleibender Beanspruchungsplan vor.

Ad 2. Es sollte nachgewiesen werden, daß sowohl tektonische als auch stratigraphische Probleme eines unbekannten Bereiches mit Hilfe der Luftbildanalyse unschwer zu lösen sind, wenn die Geländekontrolle eines geologisch ähnlich aufgebauten „Testbereiches" durchgeführt wurde. Die Übereinstimmung der beiden in vorliegender Arbeit kartierten Bereiche war so gut, daß neben dem Modell Bardai von einem Analogon Aozou gesprochen werden konnte, d. h. in diesem Falle gelten die Photoschlüssel für beide Gebiete. Es muß jedoch bedacht werden, daß man Faziesgrenzen aus dem Luftbild übernimmt und daß diese nicht unbedingt mit den Zeitgrenzen übereinstimmen, eine Überlegung, die besonders bei Änderungen von Schichtmächtigkeiten berücksichtig werden muß.

Die Verwendung von Photoschlüsseln in der Photogeologie ist nicht neu. Eine besondere Betonung verdienen jedoch die Grauwerte; in ariden Klimaten sind sie vorwiegend als Ausdruck unterschiedlich starker Wüstenlackbildungen aufzufassen, die zwar primäre Grautondifferenzen der Gesteine verschleiern, dafür aber eine Reihe anderer Schlüsse gestatten. So ist der Grauton ein ganz entscheidender Faktor zur Unterscheidung relativer Härten. Er läßt z. B. kontaktmetamorphe Veränderungen im Nachbargestein von Schloten und Gängen erkennen, so daß die normalerweise äußerst selten im Luftbild zu erfassenden Lagergänge kartiert werden konnten. Selbst der mit zunehmender Entfernung von der Förderspalte abnehmende Verfestigungsgrad der Ignimbrite kommt in helleren Grauwerten zum Ausdruck.

Grobkörniges Material, das in ariden Klimaten schneller verwittert, wird ebenfalls hellere Grautöne aufweisen, so daß auch relative Korngrößenunterschiede dem Luftbild entnommen werden können. Da die Stärke des Wüstenlackes unter anderem eine Funktion der Zeit ist, werden altersmäßige Beziehungen durch Fehlen bzw. Vorhandensein einer Patina angezeigt.

Neben Ignimbriten und Sills konnten an Magmatiten nach ihrer genetisch bedingten Form und ihrem Grauton auch Deckenbasalte, Schlote, diskordante basische und saure Gänge, Granitintrusionen und Extrusivkuppen unterschieden werden.

Unter dem zuletzt aufgeführten Begriff werden Fließ-, Quell-, Stau- und Stoßkuppen zusammengefaßt. Für sie wurde versucht, gemäß ihren Definitionen eine photogeologische Unterscheidung zu erreichen. Dies scheint auch in Ausnahmefällen möglich, jedoch müssen günstige Aufschlußbedingungen und typische, frische Formen vorliegen.
Weiterhin wurden die Entwässerungs- und Kluftnetzdichten für einige Probebereiche ermittelt und ihre Anwendbarkeit als gesteinsspezifische Parameter geprüft.

Hierzu sind die Dichte-Werte einzelner, auf unterschiedlichem Gestein ausgebildeten Entwässerungsnetze ermittelt worden. Die Ursache für die z. T. schlechte Übereinstimmung mit den Werten anderer Autoren werden diskutiert. Es zeigt sich, daß nur eine objektive, d. h. elektronische Interpretation in Zukunft vergleichbare Werte liefern kann. So sind vorerst nur die relativen, nicht die absoluten Dichte-Werte verwendbar.

Ähnliches gilt für die Photolineationen. Da zudem in der photogeologischen Literatur keine einheitliche Sprachregelung für Photolineationen anzutreffen ist, wird zunächst ein Überblick über die bisher gebräuchlichen Begriffe gegeben und der Sinn der hier benutzten termini technici definiert. Es wird zudem vorgeschlagen, den sich nun auch in der deutschen Fachliteratur einbürgernden Begriff „Photolineament" zu vermeiden, da er oft sinnentleert verwandt wird und selbst Photolineationen ohne Versetzungsbetrag als Photolineamente oder gar nur als Lineamente angesprochen wurden. Statt dessen sollte unter dem Oberbegriff Photolineation zwischen Klüften (ohne erkennbaren Versatz) und Störungen (mit erkennbarem Versatz) unterschieden werden und zwar ohne Ansehen der Länge.

Die Untersuchung dieses ariden, z. T. schwer zugänglichen und bisher nur durch einige Forschungsreisen erkundeten Gebietes war in dieser Größenordnung erst durch die photogeologische Auswertung von Luftbildmaterial und den Einsatz eines Stereokartiergerätes möglich.

Dabei ist die Arbeit unfreiwillig zu einem Modellfall geworden, indem durch die politischen, klimatischen und ökonomischen Gegebenheiten mit einem erzwungenen Minimum an Geländearbeiten ein Maximum an geowissenschaftlichen Informationen ermittelt werden mußte. Hinzu kam, daß die geologische Entwicklung der Sandsteinabfolge nicht sukzessiv von einem Bereich, der von Geländekontrollen bekannt war (ground truth), in unbekanntes Gebiet verfolgt werden konnte.

Die im Gelände gesammelten und vor allem aus den Luftbildern gewonnenen Daten reichten aus, eine Untergliederung der Sandsteine durchzuführen, die regionalgeologisch-tektonischen Verhältnisse zu erhellen und die Existenz einer älteren, vulkanischen Phase im Tibesti zumindest als wahrscheinlich erscheinen zu lassen. Hieran zeigt sich aber, daß die Luftbildgeologie vom einfachen Hilfsmittel des Geländegeologen — als das sie noch vielfach angesehen wird — zum selbständigen Forschungsmittel geworden ist. Daß ihr in Zukunft noch eine größere Bedeutung zuwachsen wird, zeigt nicht zuletzt die Tatsache, daß von der NASA spezielle Erderkundungssatelliten bereits in einen Orbit gebracht wurden (ERTS 1, SKYLAB) bzw. geplant sind (ERTS B). Der Photogeologie, der damit neben den relativ großmaßstäblichen Luftaufnahmen 1 : 5000 bis 1 : 50 000) auch kleinmaßstäbliche Satellitenbilder (1 : 250 000 bis 1 : 5 000 000) zur Verfügung stehen, fallen dadurch neue Aufgaben zu. Sie wird ihre Aufgabe aber um so leichter und um so besser erfüllen, je mehr es gelingt, eine Optimierung der Objektivierung in der Auswertung der Meßbilder herbeizuführen, ohne dabei jedoch auf den subjektiven Erfahrungsschatz des Interpreten verzichten zu müssen.

5.2 Abstract

In the extensive sandstone complex between Bardai and Aozou (Tibesti Mts., Central Sahara) two separate areas have been plotted on a ZEISS-Stereotop after establishing a net of control points by radial triangulation (slotted templet method). The aerial photographs used were contact prints at a scale of 1 : 20 000 and 1 : 50 000.

The purpose of this study was to demonstrate that stratigraphic and tectonic problems of unknown regions may be solved by means of aerial photographic interpretation if it is possible to get ground truth from a small test site. In the investigated area the conformity between test site and unknown region was so good, that we can speak of an „Analogon Aozou" to the „Model Bardai"; this means that the same photo interpretation key may be applied to both areas.

The photographic tone is of special importance among the various parameters of interpretation keys as in arid climates it is mainly an expression of desert varnish intensity. This varnish normally masks the original rock colour but it enables the interpreter to detect different resistence against erosion in rocks. Therefore he may deduce different grain size in bedrocks as well as the decrease of consolidation in ignimbrites depending on the distance from the eruption-point or silified zones of jointing, fault breccias, mylonites etc. Furthermore it accentuates the contact metamorphism at volcanic vents, dikes and sills. The latter could be identified only in that way.

Since the desert varnish is also a function of time, age relations (e. g. between depositional terraces or alluvial fans) can be recognized.

In addition to the photographic tone homogeneity, surface texture, morphology, topographic position, fracture density and drainage density have been used for the differentiation of rock units. The last two parameters are discussed in regard to the comparability of data collected by different authors.

The geologic aerial photographic interpretation was carried out in the following steps: identification — comparison — deduction, and in mapping large areas it proved an ideal method compared with the traditional way of field work.

In the isolated sandstone complex, surrounded by volcanic rocks and metamorphic schists, four different sandstone units could be discerned and mapped for the first time.

The igneous rocks were distinguished by their chemical composition (acid, intermediate, basic), by their form (stock, volcanic vent, dike, plateau), or by their mode of emplacement (intrusion, extrusion, effusion). In addition to the tertiary-quaternary phase one can deduce a formerly unknown precretaceous magmatic phase.

Finally, the great tectonic structures were mapped and the directions of movement and the azimuths of fractures were determined.

The results of the aerial photographic interpretation from an area of more than 1000 km^2 are presented in two separate photogeological maps (scale 1 : 50 000).

5.3 Résumé

Deux régions distinctes du complexe de grès étendu entre Bardai et Aozou (Tibesti, Sahara central) ont été levées à l'aide d'un ZEISS-Stereotop, après avoir établi un réseau de points de contrôle par triangulation radiale (méthode «slotted templet»). Les photos aériennes utilisées sont des copies par contact aux échelles 1/20'000 et 1/50'000.

Le but de cette étude est de démontrer que les problèmes stratigraphiques et tectoniques de régions inconnues peuvent être résolus grâce à l'interprétation de photos aériennes, à condition de connaître la situation sur le terrain dans un site-témoin restreint. Dans la région étudiée la conformité entre le site-témoin et la région inconnue était bonne au point de pouvoir parler d'un «analogue Aozou» du «modèle Bardai». Ceci permet d'appliquer la même clé d'interprétation photographique aux deux régions.

Le ton photographique est d'une importance particulière parmi les divers paramètres de la clé d'interprétation, car dans les climats arides il exprime avant tout l'intensité du vernis désertique. Ce vernis masque normalement la couleur originale des roches, mais permet de distinguer différents degrés de résistance des roches à l'érosion. On peut en déduire ainsi différents grains dans les roches sédimentaires, la diminution de la consolidation d'ignimbrites en dépendance de la distance du point d'éruption, etc. En outre il souligne le métamorphisme de contact à proximité de cheminées volcaniques, dykes et sills. Ces derniers n'ont été reconnus que par ce moyen.

Comme le vernis désertique est également une fonction du temps, des rapports d'âge peuvent être reconnus (par exemple entre differentes terrasses ou cônes d'alluvions). En plus du tons photographique, l'homogénéité, la texture superficielle, la morphologie, la position topographique, la densité des fractures et du drainage ont été utilisés pour différencier des unités de roches. Les deux derniers paramètres ont été discutés au point de vue de la comparabilité de données recueillies par des auteurs differents.

L'interprétation géologique de photos aériennes a été effectuée par les étapes identification, comparaison, déduction et s'est révélé être une méthode idéale en comparaison de la méthode traditionnelle du travail sur le terrain.

Dans ce complexe de grès isolé, entouré de roches volcaniques et métamorphiques, quatre unités de grès différentes ont pu être pour la première fois discernées et reportées sur la carte.

Les roches ignées ont pu être distinguées selon leur composition chimique (acide, intermédiaire, basique), leur forme (massif, cheminé volcanique, dyke, plateau) ou leur mise en place (intrusion, extrusion, effusion). En plus de la phase tertiaire/quaternaire il faut admettre une phase magmatique précrétacée encore inconnue jusqu'ici.

Finalement, les grandes structures tectoniques ont été levées et les directions de mouvement ainsi que les azimuts des fractures ont été déterminés.

Les resultats de l'interprétation de photos aériennes d'une région de plus de 1'000 km² sont représentés sur deux cartes photogéologiques (échelle 1/50'000).

Anm.: Die Literaturzitate entsprechen nicht den DIN-Normen bzw. den Bonner Anweisungen, da sie von der Druckerei aus satztechnischen Gründen geändert wurden.

6. Literaturverzeichnis

ALLUM, J. A. E. (1962): Photogeological interpretation of areas of regional metamorphism. Photogramm. Eng., 28, 3, 318-438, Menasha

ALLUM, J. A. E. (1966): Photogeology and regional mapping. 107 S., 24 Abb., Oxford (Pergamon Press)

AMERICAN SOCIETY OF PHOTOGRAMMETRY (1960): Manual of photographic interpretation. 868 S., Menasha (Banta)

ANDERSON, E. M. (1951): The dynamics of faulting. 2. Aufl., 206 S., Edinburgh (Oliver & Boyd)

BANDAT, F. v. (1962): Aerogeology. 350 S., Houston (Gulf)

BIGELOW, G. F. (1963): Photographic interpretation keys — a reappraisal. Photogramm. Eng., 29, 6, 1042-1051, Menasha

BLANCHET, P. H. (1957): Development of fracture analysis as exploration method. Amer. Ass. Petrol. Geol. Bull., 41, 8, 1748-1759, Menasha

BODECHTEL, J. (1969): Photogeologische Untersuchungen über Bruchtektonik im Toskanisch-Umbrischen Apennin. Geol. Rdsch., 59, 1, 265-278, Stuttgart

BODECHTEL, J. und SCHERREIKS, R. (1968): The tectonical aerial interpretation of the Lorea-Group in the eastern Lechtaler Alps, Austria. ITC Publ., B 49, 30 S., Delft

BROCKHAUS (1962): Das Gesicht der Erde. Brockhaus-Taschenbuch der Physischen Geographie. 2. Aufl., 862 S., Leipzig (Brockhaus)

BROWN, C. W. (1961): Comparison of joints, faults, and airphoto linears. Amer. Ass. Petrol. Geol. Bull., 45, 11, 1888-1892, Menasha

BURKHARDT, R., FÖRSTNER, R., RUBE, K. und SCHWIDEFSKY, K. (1944): Die Radialschlitztriangulation, eine neue Ausführung der Radialtriangulation. Luftbild und Luftbildmessung, 29

CLOOS, H. (1936): Einführung in die Geologie, ein Lehrbuch der inneren Dynamik. Berlin (Borntraeger)

CLOOS, H. (1939): Hebung, Spaltung, Vulkanismus. Geol. Rdsch., 39, Stuttgart

CLOOS, H. (1948): Gang und Gehwerk einer Falte. Z. dtsch. geol. Ges., 100, Hannover

CORSIN, P. (1934): Notes sur les bois silicifiés de la région d'Aozou. In: DALLONI, 1934, S. 133-134, Paris

DALLONI, M. (1934): Mission au Tibesti (1930-1931). Acad. Sci. Inst. France Mém., 61, 369 S., Paris

ERGENZINGER, P. (1966): Road log Bardai — Trou au Natron (Tibesti). In: WILLIAMS, J. J. and KLITZSCH, E. (ed.): South-Central Libya and Northern Chad, S. 89-94, Tripoli (Petroleum Exploration Society of Libya)

FALKE, H. (1952): Probleme des saarpfälzischen Unterrotliegenden. Z. dtsch. geol. Ges., 103, 238-252, Hannover

FALKE, H. (1954): Leithorizonte, Leitfolgen und Leitgruppen im Pfälzischen Unterrotliegenden. N. Jb. Geol. Paläont., Abh., 99, 3, 298-360, Stuttgart

FALKE, H. (1964): Die Zusammenhänge zwischen Sedimentation, Regionalrelief und Regionalklima im Rotliegenden des Saar-Nahe-Gebietes. Geol. Rdsch., 54, 1, 208-224, Stuttgart

FINSTERWALDER, R. und HOFMANN, W. (1968): Photogrammetrie. 3. Aufl., 455 S., Berlin (de Gruyter & Co)

FRECHEN, J. (1967): Der Magmatismus. In: BRINKMANN, R. (Hrsg.): Lehrbuch der Allgemeinen Geologie, Bd. 3. S. 1-170, Stuttgart (Enke)

FROST, R. E. (1952): Discussion of photo recognition, analysis, and interpretation and photo keys. Photogramm. Eng., 18, 3, 502-505, Menasha

FÜCHTBAUER, H. und MÜLLER, G. (1970): Sedimente und Sedimentgesteine. 726 S., Stuttgart (Schweizerbart)

FÜRST, M. (1968): Die Paleozän-Eozän-Transgression in Südlibyen. Geol. Rdsch., 58, 1, 296-313, Stuttgart

GABRIEL, B. (1970): Bauelemente präislamischer Gräbertypen im Tibesti-Gebirge (Zentrale Ostsahara). Acta Praehist. Archaeol., 1970, 1, 1-28, Berlin

GERARDS, J. F. (1962): Analyse photogéologique des structures plissées pré-cambriennes du Bas-Congo. Internat. Arch. Photogramm., 14 (Transact. Sympos. Photo Interpretation), 107-114, Delft (Waltman)

GEZE, B. (1958): Reconnaissance volcanologique du Tibesti. Bull. Dir. Mines et Géol. de l'A. E. F., 8, 119-125, Brazzaville

GOTHAN, W. und REMY, W. (1957): Steinkohlenpflanzen. 249 S., Essen (Glückauf GmbH)

GREENWOOD, J. E. G. W. (1962): Rock weathering in relation to the interpretation of igneous and metamorphic rocks in arid regions. Internat. Arch. Photogramm., 14, (Transact. Sympos. Photo Interpretation), 93-99, Delft (Waltman)

GROVE, A. T. (1960): Geomorphology of the Tibesti Region with special reference to Western Tibesti. Geogr. J., 126, 1, 18-27, London

HAGEN, T. (1952): Das westliche Säntisgebirge photogeologisch gesehen und bearbeitet. Mitt. geodät. Inst. ETH Zürich, 6, 48 S., Zürich

HECHT, F., FÜRST, M. und KLITZSCH, E. (1963): Zur Geologie von Libyen. Geol. Rdsch., 53, 2, 413-470, Stuttgart

HECKENDORFF, W. D. (1972): Zum Klima des Tibesti-Gebirges. Berliner Geogr. Abh., 16, 123-141, Berlin

HELBING, R. (1938): Die Anwendung der Photogrammetrie bei geologischen Kartierungen. Beitr. geol. Karte Schweiz, N. F., 76, 1-67, Bern

HELMCKE, D. (1970): Erfassung steilachsiger Faltenstrukturen aus dem Luftbild am Beispiel der östlichen Klostertaler Alpen (Vorarlberg). N. Jb. Geol. Paläont., Mh., 1970, 9, 527-542, Stuttgart

HENDERSON, G. (1960): Air-photo lineaments in Mpanda Area, Western Province, Tanganyika, Africa. Amer. Ass. Petrol. Geol. Bull., 44, 53-71, Menasha

HILLS, E. S. (1953): Outlines of structural geology. 3. Aufl., 183 S., New York (John Wiley & Sons, Inc.)

HOBBS, W. H. (1911): Repeating patterns in the relief and in the structure of the land. Geol. Soc. Amer. Bull., 22, 123-176, Baltimore

HÖVERMANN, J. (1965): Eine geomorphologische Forschungsstation in Bardai/Tibesti-Gebirge. Z. Geomorph., N. F., 9, S. 131, Berlin

HOLZER, H. (1964): Geologische Luftbildinterpretation: Zur photogeologischen Karte des Dachsteinplateaus. Jb. geol. Bundesanst., *107*, 1, 1-9, Wien

HORTON, R. E. (1945): Erosional development of streams and their drainage basins; hydrophysical approach to quantitative morphology. Geol. Soc. Amer. Bull., *56*, 1, 275-370, Baltimore

JÄKEL, D. (1967): Vorläufiger Bericht über Untersuchungen fluviatiler Terrassen im Tibesti-Gebirge. Berliner Geogr. Abh., *5*, 39-49, Berlin

JÄKEL, D. (1971): Erosion und Akkumulation im Enneri Bardagué-Arayé des Tibesti-Gebirges (zentrale Sahara) während des Pleistozäns und Holozäns. Berliner Geogr. Abh., *10*, 52 S., Berlin

KENNEDY, W. A. (1946): The Great Glen fault. Geol. Soc. London quart. J., *102*, 1, 41-76, London

KLITZSCH, E. (1965): Zur regionalgeologischen Position des Tibesti-Massivs. Max-Richter-Festschr., 111-125, Clausthal-Zellerfeld

KLITZSCH, E. (1966): Comments on the geology of the central parts of Southern Libya and Northern Chad. In: WILLIAMS, J. J. and KLITZSCH, E. (ed.): South-Central Libya and Northern Chad, 89-94, Tripoli (Petroleum Exploration Society of Libya)

KLITZSCH, E. (1970): Die Strukturgeschichte der Zentralsahara. Geol. Rdsch., *59*, 2, 459-527, Stuttgart

KNETSCH, G. (1964): Über ein Struktur-Experiment an einer Kugel und Beziehungen zwischen Groß-Lineamenten und Pol-Lagen in der Erdgeschichte. Geol. Rdsch., *54*, 2, 523-548, Stuttgart

KRONBERG, P. (1967 a): Zur Anwendung photogeologischer Methoden in Kristallin-Gebieten. N. Jb. Geol. Paläont., Abh., *129*, 1, 105-112, Stuttgart

KRONBERG, P. (1967 b): Photogeologie. Eine Einführung in die geologische Luftbildauswertung. Clausthaler tekt. H., *6*, 235 S., Clausthal-Zellerfeld

KRONBERG, P. (1969): Bruchtektonik im Ostpontischen Gebirge (NE-Türkei). Geol. Rdsch. *59*, 1, 257-265, Stuttgart

KUPSCH, W. O. and WILD, J. (1958): Lineaments in Avonlea Area, Saskatchewan. Amer. Ass. Petrol. Geol. Bull., *42*, 1, 127-134, Menasha

LACROIX, A. (1904): La Montagne Pelée et ses éruptions. Paris

LATTMAN, L. H. (1958): Technique of mapping geologic fracture traces and lineaments on aerial photographs. Photogramm. Eng., *24*, 4, 568-576, Menasha

LATTMAN, L. H. and MATZKE, R. H. (1961): Geological significance of fracture traces. Photogramm. Eng., *27*, 3, 435-438, Menasha

LATTMAN, L. H. and NICKELSEN, R. P. (1958): Photogeologic frature-trace mapping in Appalachian Plateau. Amer. Ass. Petrol. Geol. Bull., *42*, 9, 2238-2245, Menasha

LATTMAN, L. H. and SEGOVIA, A. V. (1961): Analysis of fracture trace pattern of Adak and Kagalaska Islands, Alaska. Amer. Ass. Petrol. Geol. Bull., *45*, 2, 249-263, Menasha

LELUBRE, M. (1946): Sur les séries antécambriennes au Tibesti septentrional. C. R. Acad. Sci., *223*, 4, 429-431, Paris

LIST, F. K. (1968): Zur Technik der photogeologischen Auswertung im kalkalpinen Bereich (Heiterwand-Gebiet, östliche Lechtaler Alpen, Tirol). Geol. Rdsch., *58*, 1, 196 bis 219, Stuttgart

LIST, F. K. (1969): Quantitative Erfassung von Kluftnetz und Entwässerungsnetz aus dem Luftbild. Bildmess. und Luftbildwes., *37*, 4, 134-140, Karlsruhe

LIST, F. K. und HELMCKE, D. (1970): Photogeologische Untersuchungen über lithologische und tektonische Kontrolle von Entwässerungssystemen im Tibesti-Gebirge (Zentral-Sahara, Tschad). Bildmess. und Luftbildwes., *38*, 5, 273-278, Karlsruhe

LIST, F. K. und STOCK, P. (1969): Photogeologische Untersuchungen über Bruchtektonik und Entwässerungsnetz im Präkambrium des nördlichen Tibesti-Gebirges, Zentral-Sahara, Tschad. Geol. Rdsch., *59*, 1, 228-256, Stuttgart

LOUIS, H. (1968): Lehrbuch der Allgemeinen Geographie I. Allgemeine Geomorphologie. 3. Aufl., 522 S., Berlin (de Gruyter & Co)

LUEDER, D. R. (1959): Aerial photographic interpretation. 462 S., New York (McGraw-Hill)

MARCHESINI, E., PISTOLESI, A. and BOLOGNINI, M. (1962): Fracture patterns of the natural steam area of Larderello, Italy, from airphotographs. Internat. Arch. Photogramm., *14*, (Transact. Sympos. Photo Interpretation), 524-532, Delft (Waltman)

MESSERLI, B. (1970): Tibesti — zentrale Sahara. Möglichkeiten und Grenzen einer Satellitenbild-Interpretation. Jahresber. geogr. Ges. Bern, *49*, Jg. 1967-69, Bern

METZ, K. (1967): Lehrbuch der tektonischen Geologie. 2. Aufl., 357 S., Stuttgart (Enke)

MILLER, V. C. and MILLER, C. F. (1961): Photogeology. 248 S., New York (McGraw-Hill)

MOLLARD, J. D. (1957): Aerial photographs aid petroleum search. Canadian Oil and Gas Inc., *10*, 7, 89-96

MOLLE, H. G. (1969): Terrassenuntersuchungen im Gebiet des Enneri Zoumri (Tibestigebirge). Berliner Geogr. Abh., *8*, 23-31, Berlin

MOLLE, H. G. (1971): Gliederung und Aufbau fluviatiler Terrassenakkumulationen im Gebiet des Enneri Zoumri (Tibesti-Gebirge). Berliner Geogr. Abh., *13*, 53 S., Berlin

MOODY, J. D. and HILL, M. J. (1956): Wrench-fault tectonics. Geol. Soc. Amer. Bull., *67*, 9, 1207-1246, Baltimore

MORRISON, A. and CHOWN, M. C. (1965): Photographs of the Western Sahara from the Mercury MA-4 satellite. Photogramm. Eng., *31*, 2, 350-362, Menasha

NACHTIGAL, G. (1889): Sahara und Sudan. Ergebnisse sechsjähriger Reisen in Afrika. 3 Bde., 748, 790 und 548 S., Leipzig

PAVONI, N. (1964): Aktive Horizontalverschiebungszonen der Erdkruste. Bull. Ver. Schweiz. Petrol. Geol. u. Ing., *31*, 54-78

PESCE, A. (1968): Gemini space photographs of Libya and Tibesti, a geological and geographical analysis. Tripoli (Petroleum Exploration Society of Libya)

PÖHLMANN, G. (1969): Kartenprobe Bardai 1 : 25 000. Berliner Geogr. Abh., *8*, 36-39, Berlin

POMEYROL, R. (1968): „Nubian Sandstone". Amer. Ass. Petrol. Geol. Bull., *52*, 4, 589-600, Menasha

PRESSMANN, A. E. (1963): Analysis of airphoto linear pattern in Eastern Massachusetts. Photogramm. Eng., *29*, 1, 193-198, Menasha

RAY, R. G. (1960): Aerial photographs in geologic interpretation and mapping. US Geol. Survey Prof. Pap., *373*, 230 S., Washington

RAY, R. G. and FISCHER, W. A. (1957): Geology from the air. Science, *126*, 725-735 Washington

RAY, R. G. and FISCHER, W. A. (1960): Quantitative photography — a geologic research tool. Photogramm. Eng., *26*, 1, 143-150, Menasha

READ, H. H. (1957): The granite controversy. London (Murby)

RENNER, J. G. A. (1968): The structural significance of lineaments in the Eastern Monsech Area, Province of Lerida, Spain. ITC Publ., B *45*, 27 S., Delft

RITTMANN, A. (1960): Vulkane und ihre Tätigkeit. 2. Aufl., 336 S., Stuttgart (Enke)

ROLAND, N. W. (1969): Stratigraphie und Tektonik des Raumes Winterbach-Berschweiler-Urexweiler (Saarland). Unveröff. Dipl.-Arbeit Univ. Mainz, 92 S., Mainz

ROLAND, N. W. (1971): Zur Altersfrage des Sandsteins bei Bardai (Tibesti, République du Tchad). N. Jb. Geol. Paläont., Mh., *1971*, 8, 496-506, Stuttgart

ROLAND, N. W. (1974): Zur Entstehung des Trou-au-Natron-Caldera (Tibesti-Gebirge, Zentral-Sahara) aus photogeologischer Sicht. Geol. Rdsch., *63*, 2, Stuttgart (im Druck)

ROSCOE, J. H. (1955): Introduction of photo interpretation keys. Photogramm. Eng., *21*, 5, 703-704, Menasha

RUELLAN, F. (1967): Photogrammétrie et interprétation de photographies stéréoscopiques terrestres et aériennes. Fasc. 1: Initiation. 121 S., Paris (Masson)

SABET, A. H. (1962): An example of photo interpretation of crystalline rocks. ITC Publ., B *14/15*, 34 S. Delft

SADACCA, R. (1963): Human factors in image interpretation. Photogramm. Eng., *29*, 6, 978-988, Menasha

SCHMIDT-THOME, P. (1953): Klufttektonische Beobachtungen in den Bayrischen Alpen. Geologica Bavarica, *17*, 5-16, München

SCHNEIDER, K. (1911): Die vulkanischen Erscheinungen der Erde. Berlin

STOCK, P. (1972): Photogeologische und tektonische Untersuchungen am Nordrand des Tibesti-Gebirges, Zentral-Sahara, Tchad. Diss. FU Berlin (Mskr.), 101 S., Berlin 1970. Unveränderter Nachdruck: Berliner Geogr. Abh., *14*, 59 S., Berlin

THEIS, J. P. (1963): A key link in the photogrammetric chain — the human being. Photogramm. Eng., *29*, 2, 253-257, Menasha

THORP, M. B. (1967): Closed basins in younger granite massifs, Northern Nigeria. Z. Geomorph., N. F., *11*, 4, 459-480, Berlin

TILHO, J. (1920): The exploration of Tibesti, Erdi, Borkou and Ennedi in 1912-1917. Geogr. J., *56*, 81-99, 161-183, 241-267, London

VERSTAPPEN, H. Th. and ZUIDAM, R. A. van (1970): Orbital photography and the geosciences — a geomorphological example from the Central Sahara. Geoforum, *2*, 33-47, Braunschweig

VINCENT, P. M. (1963): Les volcans tertiaires et quaternaires du Tibesti occidental et central (Sahara du Tchad). Mém. Bureau Rech. géol. min., *23*, 307 S., Paris

VINCENT, P. M. (1970): The evolution of the Tibesti Volcanic Province, Eastern Sahara. In: CLIFFORD, T. N. and GASS, I. G. (ed.): African magmatism and tectonics. 301-319, Edinburgh (Oliver and Boyd)

WACRENIER, P. (1958): Notice explicative de la carte géologique provisoire du Borkou-Ennedi-Tibesti au 1/1 000 000. Dir. Mines et Géol. de l'A. E. F., Brazzaville

WEYL, R. (1954): Beiträge zur Geologie El Salvadors V. Die Schmelztuffe der Balsamkette. N. Jb. Geol. Paläont., Abh., *99*, 1-32, Stuttgart

ZUIDAM, R. A. van (1971): Orbital photography as applied to natural resources survey. ITC Publ., B *61*, 59 S., Delft

7. Verzeichnis der Abbildungen, Figuren, Tabellen und Karten

7.1 Verzeichnis und Daten der im Bildteil enthaltenen Abbildungen

Die Daten sind in der Reihenfolge zu lesen:

Bildtyp (nur bei Luftbildern): Quelle, Aufnahmedatum, Uhrzeit; Blende/Belichtungszeit, G = Gelbfilter, f = Brennweite (f = 55 mm, falls nicht anders angegeben). Die Geländephotos wurden mit einer MINOLTA SR-T 101 unter Verwendung der MINOLTA-Rokkore MC 1,7/55 mm und MC 3,5/135 mm aufgenommen.

Abb. 1 Tibestien am Westrand der „Flugplatzebene" von Bardai. Luftbild-Schrägaufnahme: Verfasser, 8. 7. 1970, 8.30 Uhr; 8/500

Abb. 2 Angulares Kluftnetz im Quatre-Roches-Sandstein südlich Zoui. Verf., 19. 6. 1970, 9.30 Uhr; 8/250, G.

Abb. 3 Stark geklüfteter Bereich im Tibestien westlich Bardai. Luftbild-Senkrechtaufnahme: IGN (NF-33-XI, Nr. 248), 18. 10. 1956, f = 125 mm

Abb. 4 Basis-, Quatre-Roches- und Tabiriou-Sandstein in der Umgebung von Zoui. Luftbild-Senkrechtaufnahmen (Stereomodell): IGN (NF-33-XII, Nr. 098-099), 25. 10. 1956, f = 125 mm

Abb. 5 Sill im Niedrigwasserbett des Bardagué. Verfasser, 20. 5. 1970, 16.30 Uhr; 5,6/250, G

Abb. 6 Basissandstein-Steilstufe bei Boudi. Verfasser, 9. 6. 1970, 8.30 Uhr; 5,6/500, G

Abb. 7 Die Grenze Tibestien/Basissandstein an der Piste Bardai Gonoa. Verfasser, 8. 5. 1970, 15.30 Uhr, 8/250

Abb. 8 Erosionsdiskordanz an der Basis des Quatre-Roches-Sandsteins. Verfasser, 23. 6. 1970, 10.00 Uhr; 8/250

Abb. 9 Unterschiedliche Erosionsformen in Basis- und Quatre-Roches-Sandstein. Verfasser, 27. 5. 1970, 16.00 Uhr; 5,6/250

Abb. 10 Wabenverwitterung im Quatre-Roches-Sandstein. Verfasser, 12. 5. 1970, 16.30 Uhr; f = 135 mm

Abb. 11 Balmenbildung in der Felsgruppe „Quatre Roches". Verfasser, 9. 5. 1970, 9.30 Uhr; 4/250

Abb. 12 a, b Kleinmorphologie im Quatre-Roches-Sandstein
a) Verfasser, 9. 5. 1970, 9.00 Uhr; 8/250
b) Verfasser, 15. 5. 1970, 8.30 Uhr; 11/125

Abb. 13 Tonsteinhorizont im Quatre-Roches-Sandstein. Verfasser, 9. 5. 1970, 16.00 Uhr; 8/125

Abb. 14 Eisenkrusten im Quarte-Roches-Sandstein. Verfasser, 15. 5. 1970, 9.45 Uhr; 11/250

Abb. 15 Gebiet südwestlich Bardai. Luftbild-Senkrechtaufnahme: Aero-Exploration (Block E, Nr. 5263), 9. 2. 1965, f = 153 mm

Abb. 16 Grenze Quarte-Roches-Sandstein / Tabiriou-Sandstein südlich Aozou. Luftbild-Senkrechtaufnahmen (Stereomodell): IGN (NF-33-XII, Nr. 048-049), 16. 7. 1955; f = 125 mm

Abb. 17 Stereomodell des Tabiriou-Sandsteins aus dem Bereich des locus typus. Verfasser, 8. 6. 1970; 9.00 Uhr; 8/125

Abb. 18 Vermutetes Vorkommen von Eli-Yé-Sandstein am Westrand der „Flugplatzebene". BUSCHE

Abb. 19 Eli-Yé-Sandstein westlich der Eli-Yé-Guelta. Luftbild-Senkrechtaufnahme: IGN (NF-33-XII, Nr. 018), 16. 7. 1955; f = 125 mm

Abb. 20 Extrusivkuppen im Südwesten von Aozou. Luftbild-Senkrechtaufnahmen (Stereomodell): IGN (NF-33-XII, Nr. 019-020), 16. 7. 1955; f = 125 mm

Abb. 21 Die Vulkanruine des Tougoumjou. Verfasser, 29. 5. 1970, 8.30 Uhr; G, f = 135 mm

Abb. 22 Der Insel- bzw. Zeugenberg Goni auf der Flugplatzebene von Bardai. Luftbild-Schrägaufnahme: Verfasser, 8. 7. 1970, 8.30 Uhr; 5,6/500

Abb. 23 Basaltdecke nördlich Zoui. Verfasser, 21. 6. 1970, 10.00 Uhr; 8/250

Abb. 24 Sillfläche östlich Bardai. Verfasser, 16. 5. 1970, 9.30 Uhr; 8/250

Abb. 25 Sill oberhalb Sobo. Verfasser, 26. 5. 1970, 17.00 Uhr; 8/125, G

Abb. 26 Von Verwerfung abgeschnittener Sill. Verfasser, 15. 6. 1970, 10.30 Uhr; 8/250

Abb. 27 Panorama der Landschaft südlich Bardai. Verfasser, 20. 6. 1970, 9.00 Uhr; 8/250

Abb. 28 Ausschnitt aus Abb. 27. Sillflächen südlich Bardai. Verfasser, 20. 6. 1970, 9.00 Uhr; 5,6/250, G, f = 135 mm

Abb. 29 Gang und Vulkanruine südlich Bardai. Luftbild-Steilaufnahme: Verfasser, 8. 7. 1970, 8.30 Uhr; 8/500

Abb. 30 Gang mit Apophysen südlich Bardai. Luftbild-Steilaufnahme: Verfasser, 8. 7. 1970, 8.30 Uhr; 8/500

Abb. 31 Die Oase Bardai und die östlich anschließende Sandschwemmebene. Luftbild-Steilaufnahme: Verfasser, 8. 7. 1970; 8.30 Uhr; 8/500

Abb. 32 Grautonunterschiede im Terrassenmaterial. Verfasser, 22. 6. 1970, 9.15 Uhr; 11/250, G

Abb. 33 Das Bild einer Photolineation im Gelände. Verfasser, 14. 5. 1970, 9.00 Uhr; 8/250, f = 135 mm

Abb. 34 Positive Photolineation am Nordende der Sandschwemmebene von Bardai. Luftbild-Schrägaufnahme: Verfasser, 8. 7. 1970, 8.30 Uhr; 8/500

Abb. 35 Positive Photolineation südlich Bardai. Verfasser, 20. 6. 1970, 8.45 Uhr; 8/250, G

7.2 Verzeichnis der im Text verwandten Figuren

Fig. 1 Meßbereiche I-X zur Ermittlung der Entwässerungsdichte

Fig. 2 Die Abhängigkeit der Flußnetzdichten vom Bildmaßstab bei unterschiedlichen Gesteinseinheiten (nach RAY und FISCHER, 1960)

Fig. 3 Säulenprofile aus dem Quatre-Roches-Sandstein westlich Bardai

Fig. 4 Säulenprofile aus dem Quatre-Roches-Sandstein östlich Bardai

Fig. 5 Säulenprofile von der Typlokalität des Tabiriou-Sandsteins

Fig. 6 Idealprofil des Bardai-Aozou-Sandsteinkomplexes

Fig. 7 Histogramme zur Kluftrichtungsverteilung im Tibestien westlich Bardai, im Granit westlich des Enneri Tiréno, im Quatre-Roches- und Tabiriou-Sandstein

Fig. 8 Wrench-fault tectonic system (Blattverschiebungssystem) nach MOODY und HILL (1956) bei einer Hauptstreßrichtung von 0°

Fig. 9 Tektonische Karte des Aozou-Gebietes

Fig. 10 Schematische Profile durch die Sandsteinserien nördlich Aozou und nördlich Ehi Lodoi

7.3 Verzeichnis der Tabellen

Tab. 1 Photoschlüssel der Sedimentgesteine
Tab. 2 Photoschlüssel der magmatischen Gesteine
Tab. 3 Entwässerungsdichten der Meßbereiche I-X
Tab. 4 Photoschlüssel der Photolineationen

7.4 Verzeichnis der in der Kartentasche enthaltenen Beilagen

Photogeologische Karte des Gebietes südlich Bardai (Maßstab 1 : 50 000)

Photogeologische Karte der Umgebung von Aozou (Maßstab 1 : 50 000)

Panoramaphoto des Gebietes südlich Bardai (Abb. 27)

Abb. 1 Schrägaufnahme des Tibestien vom Westrand der „Flugplatzebene". Im Vordergrund befindet sich die Oase Zougra. Der Badland-Charakter der Metamorphite ist deutlich zu erkennen.

Abb. 2 Angulares Entwässerungsnetz im Quatre-Roches-Sandstein südlich Zoui. Der unterschiedliche Landschaftscharakter zwischen Metamorphiten und Sandstein wird in Abb. 1 und Abb. 2 verdeutlicht.

Abb. 3 Der stärker geklüftete Bereich im Tibestien westlich Bardai wird von einer auffallend hohen Zahl von Photolineationen (Klüften und Störungen) durchzogen. Neben der im Tibesti-Gebirge bei den Horizontalverschiebungen vorherrschenden NNE-SSW-Richtung, die auch hier wieder deutlich hervortritt, ist vor allem die NNW-SSE- und die WNW-ESE-Richtung betont (oberer Bildrand = Norden). Klüfte und Störungen fallen durch den geradlinigen Verlauf und eine stärkere Einkerbung der Täler auf. Die durch die tektonische Überprägung bewirkte „Knitterung" der Oberfläche ist typisch für die epizonal metamorphen Schiefer des Tibestien.

In der südöstlichen Bildecke ist die vom Basissandstein gebildete Steilstufe zu erkennen, in der südwestlichen Bildecke ist ein relativ stark patiniertes Intrusivgestein — vermutlich Granit — aufgeschlossen.

Abb. 3 Der stärker geklüftete Bereich im Tibestien westlich Bardai wird von einer auffallend hohen Zahl von Photolineationen (Klüften und Störungen) durchzogen. Neben der im Tibesti-Gebirge bei den Horizontalverschiebungen vorherrschenden NNE-SSW-Richtung, die auch hier wieder deutlich hervortritt, ist vor allem die NNW-SSE- und die WNW-ESE-Richtung betont (oberer Bildrand = Norden). Klüfte und Störungen fallen durch den geradlinigen Verlauf und eine stärkere Einkerbung der Täler auf. Die durch die tektonische Überprägung bewirkte „Knitterung" der Oberfläche ist typisch für die epizonal metamorphen Schiefer des Tibestien.

In der südöstlichen Bildecke ist die vom Basissandstein gebildete Steilstufe zu erkennen, in der südwestlichen Bildecke ist ein relativ stark patiniertes Intrusivgestein — vermutlich Granit — aufgeschlossen.

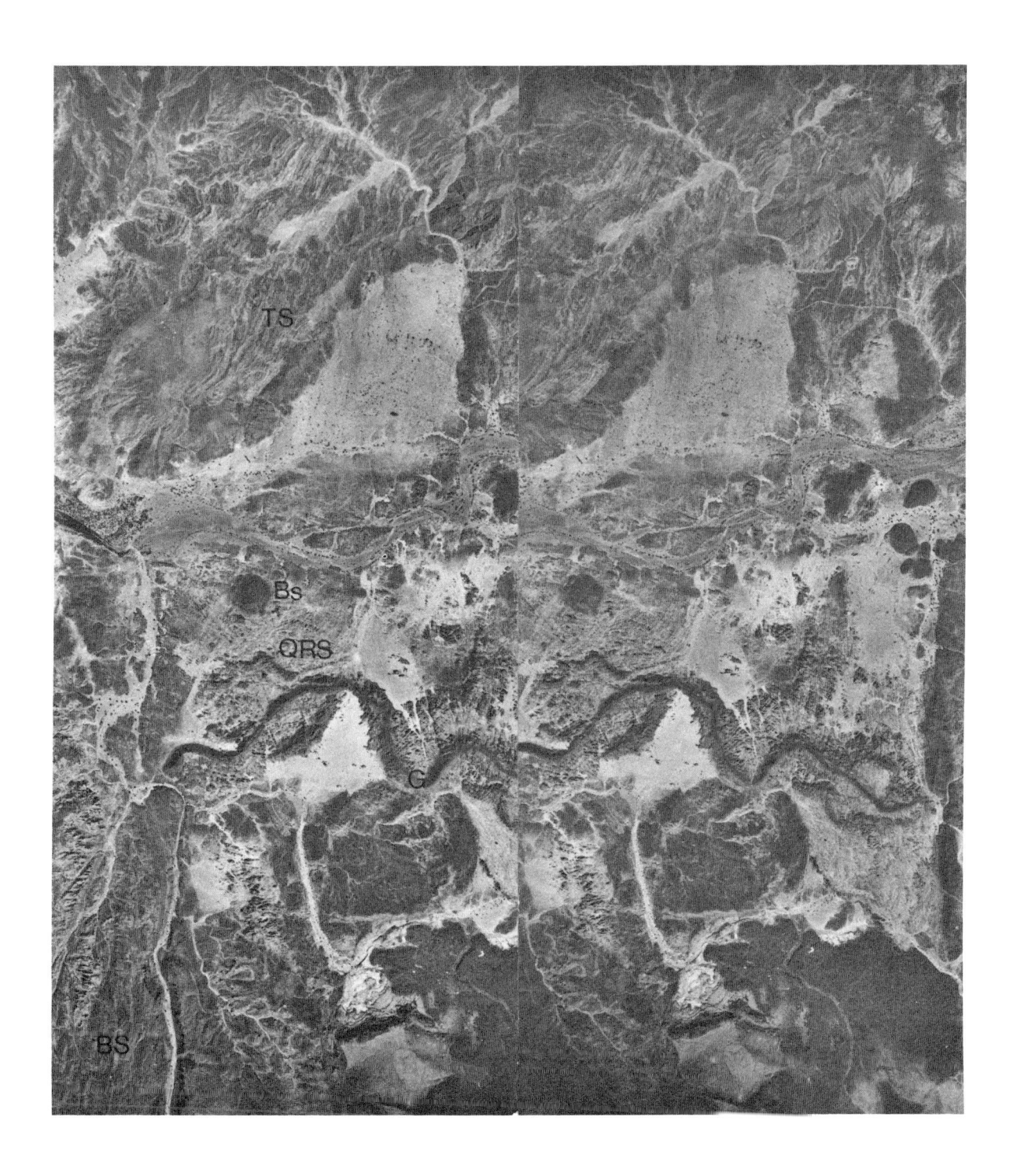

Abb. 4 Stereomodell (Cliché IGN: NF-33-XII [1956-57], 098-099) der südöstlichen Umgebung von Zoui. Im Norden (oberer Bildrand) ist Tabiriou-Sandstein (TS) aufgeschlossen. Südlich des Enneri Bardagué-Zoumri (etwa Bildmitte) erstreckt sich ein Basaltgang (G), der durch seine positive Verwitterungsform und den dunklen Grauton auffällt. Der Gang durchschlägt Quatre-Roches-Sandstein (QRS). Nach Süden folgt Basissandstein (BS). Nördlich des Ganges ist ein Basaltschlot (Bs) zu erkennen.

Abb. 5 Ein im Niedrigwasserbett des Bardagué aufgeschlossener Sill (Bildvordergrund) besitzt eine ca. 2 m mächtige Frittungszone. Die Mächtigkeit dieses Lagergangs selbst ist nicht bekannt, sie dürfte aber wie bei dem südlich dieser Lokalität gelegenen Sill zwischen 2,50 bis 3,00 m liegen.

Abb. 6 Sandstein - Steilstufe (Basissandstein) bei Boudi, westlich Bardai. Die flachere Böschungswinkel aufweisenden Metamorphite sind von Schutt bedeckt.

Abb. 7 Die Grenze Tibestien-Basissandstein (BS) in einem Aufschluß an der Piste Bardai-Gonoa-Trou-au-Natron, westlich Bardai.

Abb. 8 Erosionsdiskordanz an der Basis des Quatre-Roches-Sandsteins (QRS). BS = Basissandstein.

Abb. 9 Unterschiedliche Erosionsformen erlauben die Grenze zwischen Basissandstein und Quatre-Roches-Sandstein relativ genau festzulegen, obwohl die Grauwerte beider Gesteinseinheiten in diesem Aufschluß kaum voneinander abweichen.

Abb. 10 Typische Verwitterungsform des QRS: Wabenverwitterung an einem Pilzfelsen.

Abb. 11 Typische Verwitterungsformen des QRS: gut entwickelte Balmen bei der Typlokalität „Quatre Roches".

Abb. 12   Typische Kleinformen des kreuzgeschichteten QRS: im Anschnitt (a), in der Aufsicht (b).

Abb. 13   Tonsteinhorizonte sind in dem grobklastischen QRS selten. Da sie zudem meist auf kürzester Entfernung wieder auskeilen, können sie nicht als Leithorizonte verwendet werden.

Abb. 14   Eisenkrusten sind im QRS öfter zu beobachten. Freigelegte Krusten lassen z. T. eine „warzige" Oberfläche erkennen.

Abb. 15 Luftbild (Aero-Exploration: Block E, 5263) der südwestlichen Umgebung von Bardai. Die Oasenagglomeration „Bardai" liegt in der NE-Ecke des Bildes (oberer Bildrand = Norden). Am Westrand ist der mit einer Steilstufe auf dem Tibestien auflagernde Basissandstein (BS) zu erkennen. Nach Osten folgt Quatre-Roches-Sandstein (QRS), dessen hangende Partie — charakterisiert durch den dunkleren Grauton und die „genoppte" Oberfläche — am südlichen Bildrand aufgeschlossen ist.

Ebenfalls am südlichen Bildrand befindet sich die in Abb. 35 im Geländephoto dargestellte Photolineation (L). Sie läßt sich bis in den Oasenbereich von Bardai verfolgen.

Die dunklen Flächen (S) südlich der Oase kennzeichnen Sillflächen.

Abb. 16 Stereomodell (Cliché IGN: NF-32-XII [1955], 048-049). In der linken Modellhälfte ist die Grenze zwischen QRS und TS aufgeschlossen. Die unterschiedliche Fazies beider Serien ist in diesem Bildpaar deutlich zu erkennen. Der Tabiriou-Sandstein weist einen dunkleren Grauton auf und ist gut geschichtet, der Quatre-Roches-Sandstein fällt durch die Vielzahl heller Sandflecke und die intensive Klüftung auf. In der Mitte des rechten Bildes ist ein kleiner Graben mit TS-Füllung aufgeschlossen, der von zwei NE-SW-streichenden positiven Photolineationen begrenzt wird. Westlich dieses kleinen Grabens (oberer Bildrand = Norden) befindet sich ein stark erodierter Basaltschlot, der von verquarztem Sandstein ummantelt wird.

Abb. 17 Stereomodell des Tabiriou-Sandsteins aus dem Bereich des locus typicus. Durch die vorwiegend gute, parallele Schichtung unterscheidet sich der Tabiriou-Sandstein deutlich vom Quatre-Roches-Sandstein.

Abb. 18 Vermutetes Vorkommen von Eli-Yé-Sandstein am Westrand der „Flugplatzebene" (Aufnahme: BUSCHE).

Abb. 19 Luftbild (Cliché IGN: NF-33-XII [1955], 018). In der Bildmitte ist der stark geklüftete, massig wirkende Eli-Yé-Sandstein aufgeschlossen. Er lagert vermutlich diskordant auf dem permokarbonischen Tabiriou-Sandstein.

Abb. 20 Stereomodell (Cliché IGN: NF-33-XII [1955], 019-020). Das Luftbildpaar erfaßt einen Bereich, in dem gehäuft Extrusivkuppen auftreten, die die Sandsteine als Härtlinge überragen. Teilweise ist ein zwiebelschaliger Aufbau der Kuppen zu erkennen.

Abb. 21 Die Vulkanruine des Tougoumjou, NE Bardai, überragt die relativ mächtigen Basaltdecken, die diskordant auf dem nach NW einfallenden Tabiriou-Sandstein ruhen.

Abb. 22 In Einzelfällen begünstigten die Basaltdecken die Bildung von Zeugenbzw. Inselbergen, wie im Beispiel des Goni auf der „Flugplatzebene" nördlich Bardai.

Abb. 23 Basaltdecke nördlich Zoui. Auffallend ist die relativ einheitliche Schuttbedeckung. Die Flächen sind kaum geneigt und weisen keine Entwässerungsnetze auf.

Abb. 24 Die Sillflächen zeigen im Verhältnis zu den Basaltflächen gleiche oder etwas dunklere Grautöne. Das Schuttmaterial ist meist feiner, aber in der Korngröße uneinheitlich.

Abb. 25 Durch die geringe Erosionsresistenz des tektonisch beanspruchten und meist splittrig zerfallenden Sill-Materials bilden sich oft Nischen, die z. T. um den Bergrücken herum zu verfolgen sind. Die lichte Höhe dieses, oberhalb von Sobo gelegenen Sills beträgt 2,75 m.

Abb. 26 Von einer Verwerfung abgeschnittener, kleinerer Lagergang. Da die tektonischen Bewegungen zur Wende Jura/Kreide abgeschlossen waren, dürften die von der Tektonik betroffenen Lagergänge Zeugen einer präkretazischen vulkanischen Phase sein.

Abb. 27 Siehe Kartentasche!

Abb. 28 Durch die Verwendung längerer Brennweiten (135 mm) wird eine Raffung der Entfernungen und damit eine Betonung des Schollentreppen-Charakters der Sillflächen erreicht. Die im Vordergrund aufgeschlossenen Lagergänge finden vermutlich östlich der Sandschwemmebene von Bardai (Mittelgrund) ihre Fortsetzung. Im Hintergrund der Doppelgipfel des Tougoumjou.

Abb. 29 Gang und Vulkanruine, 6,5 km südl. Bardai. Das vulkanische Gestein wird von Salbändern aus kontaktmetamorph verquarztem Sandstein umgürtelt, die durch ihren dunkleren Grauton und die meist erhabene Form auffallen. Im Vordergrund steht Quatre-Roches-Sandstein an, im Hintergrund sind die Schichtköpfe des nach SE einfallenden Tabiriou-Sandsteins zu erkennen.

Abb. 30 Der kleinere Gang, 5,5 km südl. von Bardai, läßt im Vordergrund zwei Apophysen erkennen, die eindeutig der Kluftrichtung (in diesem Falle der N-S-Richtung) folgen.

Abb. 31 Schrägaufnahme des Ostrandes von Bardai. Auf der Sandschwemmebene östlich der Oase (Bildmitte) sind Fließlinien zu erkennen, ebenso im Bardagué (rechter Vordergrund). Quer durch das Bild zieht sich wieder eine stärker patinierte Fläche, die ihre Entstehung einem Sill verdankt.

Abb. 32 Zwischen den Materialien einzelner Terrassen können erhebliche Grautonunterschiede auftreten. Im vorliegenden Falle sind verschwemmte Bimse, Tuffe und helle Tone an die Oberterrasse angelagert.

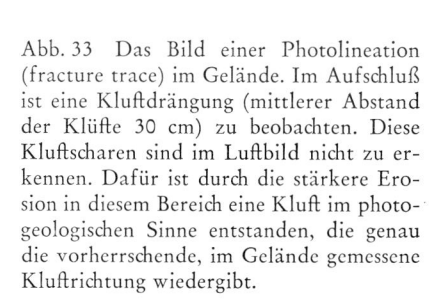

Abb. 33 Das Bild einer Photolineation (fracture trace) im Gelände. Im Aufschluß ist eine Kluftdrängung (mittlerer Abstand der Klüfte 30 cm) zu beobachten. Diese Kluftscharen sind im Luftbild nicht zu erkennen. Dafür ist durch die stärkere Erosion in diesem Bereich eine Kluft im photogeologischen Sinne entstanden, die genau die vorherrschende, im Gelände gemessene Kluftrichtung wiedergibt.

Abb. 34 Schrägaufnahme vom Nordende der Sandschwemmebene von Bardai. Im Bildmittelgrund ist eine positive Photolineation zu erkennen, bei der es sich nach Geländebefunden um eine Mylonitzone handelt. Sie ist das Produkt einer steil nach E einfallenden Abschiebung, die Tabiriou-Sandstein gegen Quatre-Roches-Sandstein verworfen hat. Anhand dieser Störung war das jüngere Alter des TS abgeleitet worden. Diese Annahme fand durch die photogeologischen Untersuchungen südl. Aozou ihre Bestätigung.

Abb. 35 Eine positive Photolineation mit relativ geringem Versetzungsbetrag wurde SSW von Bardai angetroffen. Sie ist über mehr als 4 km zu verfolgen. Daß Bewegungen stattgefunden haben, beweist die Ausbildung einer Störungsbrekzie (siehe auch Abb. 15).

Verzeichnis

der bisher erschienenen Aufsätze (A), Mitteilungen (M) und Monographien (Mo)
aus der Forschungsstation Bardai/Tibesti

BÖTTCHER, U. (1969): Die Akkumulationsterrassen im Ober- und Mittellauf des Enneri Misky (Südtibesti). Berliner Geogr. Abh., Heft 8, S. 7-21, 5 Abb., 9 Fig., 1 Karte. Berlin. (A)

BÖTTCHER, U.; ERGENZINGER, P.-J.; JAECKEL, S. H. (†) und KAISER, K. (1972): Quartäre Seebildungen und ihre Mollusken-Inhalte im Tibesti-Gebirge und seinen Rahmenbereichen der zentralen Ostsahara. Zeitschr. f. Geomorph., N. F., Bd. 16, Heft 2, S. 182-234. 4 Fig., 4 Tab., 3 Mollusken-Tafeln, 15 Photos. Stuttgart. (A)

BRUSCHEK, G. J. (1972): Vulkanische Bauformen im zentralen Tibesti-Gebirge, Soborom—Souradom—Tarso Voon, und die postvulkanischen Erscheinungen von Soborom. Berliner Geogr. Abh., Heft 16, S. 37-58. Berlin. (A)

BUSCHE, D. (1972): Untersuchungen an Schwemmfächern auf der Nordabdachung des Tibestigebirges (République du Tchad). Berliner Geogr. Abh., Heft 16, S. 113-123. Berlin. (A)

BUSCHE, D. (1972): Untersuchungen zur Pedimententwicklung im Tibesti-Gebirge (République du Tchad). Zeitschr. f. Geomorph., N. F., Suppl.-Bd. 15, S. 21-38. Stuttgart. (A)

ERGENZINGER, P. (1966): Road Log Bardai — Trou au Natron (Tibesti). In: South-Central Libya and Northern Chad, ed. by J. J. WILLIAMS and E. KLITZSCH, Petroleum Exploration Society of Libya, S. 89-94. Tripoli. (A)

ERGENZINGER, P. (1967): Die natürlichen Landschaften des Tschadbeckens. Informationen aus Kultur und Wirtschaft. Deutsch-tschadische Gesellschaft (KW) 8/67. Bonn. (A)

ERGENZINGER, P. (1968): Vorläufiger Bericht über geomorphologische Untersuchungen im Süden des Tibestigebirges. Zeitschr. f. Geomorph., N. F., Bd. 12, S. 98-104. Berlin. (A)

ERGENZINGER, P. (1968): Beobachtungen im Gebiet des Trou au Natron/Tibestigebirge. Die Erde, Zeitschr. d. Ges. f. Erdkunde zu Berlin, Jg. 99, S. 176-183. (A)

ERGENZINGER, P. (1969): Rumpfflächen, Terrassen und Seeablagerungen im Süden des Tibestigebirges. Tagungsber. u. wiss. Abh. Deut. Geographentag, Bad Godesberg 1967, S. 412-427. Wiesbaden. (A)

ERGENZINGER, P. (1969): Die Siedlungen des mittleren Fezzan (Libyen). Berliner Geogr. Abh., Heft 8, S. 59-82, Tab., Fig., Karten. Berlin. (A)

ERGENZINGER, P. (1972): Reliefentwicklung an der Schichtstufe des Massiv d'Abo (Nordwesttibesti). Zeitschr. f. Geomorph., N. F., Suppl.-Bd. 15, S. 93-112. Stuttgart. (A)

GABRIEL, B. (1970): Bauelemente präislamischer Gräbertypen im Tibesti-Gebirge (Zentrale Ostsahara). Acta Praehistorica et Archaeologica, Bd. 1, S. 1-28, 31 Fig. Berlin. (A)

GABRIEL, B. (1972): Neuere Ergebnisse der Vorgeschichtsforschung in der östlichen Zentralsahara. Berliner Geogr. Abh., Heft 16, S. 181-186. Berlin. (A)

GABRIEL, B. (1972): Terrassenentwicklung und vorgeschichtliche Umweltbedingungen im Enneri Dirennao (Tibesti, östliche Zentralsahara). Zeitschr. f. Geomorph., N. F., Suppl.-Bd. 15, S. 113-128. 4 Fig., 4 Photos. Stuttgart. (A)

GAVRILOVIC, D. (1969): Inondations de l'ouadi de Bardagé en 1968. Bulletin de la Société Serbe de Géographie, T. XLIX, No. 2, p. 21-37. Belgrad (In Serbisch). (A)

GAVRILOVIC, D. (1969): Klima-Tabellen für das Tibesti-Gebirge. Niederschlagsmenge und Lufttemperatur. Berliner Geogr. Abh., Heft 8, S. 47-48. Berlin. (M)

GAVRILOVIC, D. (1969): Les cavernes de la montagne de Tibesti. Bulletin de la Société Serbe de Géographie, T. XLIX, No. 1, p. 21-31. 10 Fig. Belgrad. (In Serbisch mit ausführlichem franz. Résumé.) (A)

GAVRILOVIC, D. (1970): Die Überschwemmungen im Wadi Bardagué im Jahr 1968 (Tibesti, Rép. du Tchad). Zeitschr. f. Geomorph., N. F., Bd. 14, Heft 2, S. 202-218, 1 Fig., 8 Abb., 5 Tabellen. Stuttgart. (A)

GRUNERT, J. (1972): Die jungpleistozänen und holozänen Flußterrassen des oberen Enneri Yebbigué im zentralen Tibesti-Gebirge (Rép. du Tchad) und ihre klimatische Deutung. Berliner Geogr. Abh., Heft 16, S. 124-137. Berlin. (A)

GRUNERT, J. (1972): Zum Problem der Schluchtbildung im Tibesti-Gebirge (Rép. du Tchad). Zeitschr. f. Geomorph., N. F., Suppl.-Bd. 15, S. 144-155. Stuttgart. (A)

HAGEDORN, H. (1965): Forschungen des II. Geographischen Instituts der Freien Universität Berlin im Tibesti-Gebirge. Die Erde, Jg. 96, Heft 1, S. 47-48. Berlin. (M)

HAGEDORN, H. (1966): Landforms of the Tibesti Region. In: South-Central Libya and Northern Chad, ed. by J. J. WILLIAMS and E. KLITZSCH, Petroleum Exploration Society of Libya, S. 53-58. Tripoli. (A)

HAGEDORN, H. (1966): The Tibu People of the Tibesti Moutains. In: South-Central Libya and Northern Chad, ed. by J. J. WILLIAMS and E. KLITZSCH, Petroleum Exploration Society of Libya, S. 59-64. Tripoli. (A)

HAGEDORN, H. (1966): Beobachtungen zur Siedlungs- und Wirtschaftsweise der Toubous im Tibesti-Gebirge. Die Erde, Jg. 97, Heft 4, S. 268-288. Berlin. (A)

HAGEDORN, H. (1967): Beobachtungen an Inselbergen im westlichen Tibesti-Vorland. Berliner Geogr. Abh., Heft 5, S. 17-22, 1 Fig., 5 Abb. Berlin. (A)

HAGEDORN, H. (1967): Siedlungsgeographie des Sahara-Raums. Afrika-Spectrum, H. 3, S. 48 bis 59. Hamburg. (A)

HAGEDORN, H. (1968): Über äolische Abtragung und Formung in der Südost-Sahara. Ein Beitrag zur Gliederung der Oberflächenformen in der Wüste. Erdkunde, Bd. 22, H. 4, S. 257-269. Mit 4 Luftbildern, 3 Bildern und 5 Abb. Bonn. (A)

HAGEDORN, H. (1969): Studien über den Formenschatz der Wüste an Beispielen aus der Südost-Sahara. Tagungsber. u. wiss. Abh. Deut. Geographentag, Bad Godesberg 1967, S. 401-411, 3 Karten, 2 Abb. Wiesbaden. (A)

HAGEDORN, H. (1970): Quartäre Aufschüttungs- und Abtragungsformen im Bardagué-Zoumri-System (Tibesti-Gebirge). Eiszeitalter und Gegenwart, Jg. 21.

HAGEDORN, H. (1971): Untersuchungen über Relieftypen arider Räume an Beispielen aus dem Tibesti-Gebirge und seiner Umgebung. Habilitationsschrift an der Math.-Nat. Fakultät der Freien Universität Berlin. Zeitschr. f. Geomorph. Suppl.-Bd. 11, 251 S. (Mo)

HAGEDORN, H.; JÄKEL, D. (1969): Bemerkungen zur quartären Entwicklung des Reliefs im Tibesti-Gebirge (Tchad). Bull. Ass. sénég. Quatern. Ouest afr., no. 23, novembre 1969, p. 25-41. Dakar. (A)

HAGEDORN, H.; PACHUR, H.-J. (1971): Observations on Climatic Geomorphology and Quaternary Evolution of Landforms in South Central Libya. In: Symposium on the Geology of Libya, Faculty of Science, University of Libya, p. 387-400. 14. Fig. Tripoli. (A)

HECKENDORFF, W. D. (1972): Zum Klima des Tibestigebirges. Berliner Geogr. Abh., Heft 16, S. 145-164. Berlin. (A)

HERRMANN, B.; GABRIEL, B. (1972): Untersuchungen an vorgeschichtlichem Skelettmaterial aus dem Tibestigebirge (Sahara). Berliner Geogr. Abh., Heft 16, S. 165-180. Berlin. (A)

HÖVERMANN, J. (1963): Vorläufiger Bericht über eine Forschungsreise ins Tibesti-Massiv. Die Erde, Jg. 94, Heft 2, S. 126-135. Berlin. (M)

HÖVERMANN, J. (1965): Eine geomorphologische Forschungsstation in Bardai/Tibesti-Gebirge. Zeitschr. f. Geomorph. NF, Bd. 9, S. 131. Berlin. (M)

HÖVERMANN, J. (1967): Hangformen und Hangentwicklung zwischen Syrte und Tschad. Les congrés et colloques de l'Université de Liège, Vol. 40. L'évolution des versants, S. 139-156. Liège. (A)

HÖVERMANN, J. (1967): Die wissenschaftlichen Arbeiten der Station Bardai im ersten Arbeitsjahr (1964/65). Berliner Geogr. Abh., Heft 5, S. 7-10. Berlin. (A)

HÖVERMANN, J. (1971): Die periglaziale Region des Tibesti und ihr Verhältnis zu angrenzenden Formungsregionen. Manuskript, Poser Festschrift 1972. Im Druck.

HÖVERMANN, J. (1972): Die periglaziale Region des Tibesti und ihr Verhältnis zu angrenzenden Formungsregionen. Göttinger Geogr. Abh., Heft 60 (Hans-Poser-Festschr.), S. 261-283. 4 Abb. Göttingen. (A)

INDERMÜHLE, D. (1972): Mikroklimatische Untersuchungen im Tibesti-Gebirge (Sahara). Hochgebirgsforschung — High Mountain Research, Heft 2, S. 121-142. Univ. Vlg. Wagner. Innsbruck—München. (A)

JÄKEL, D. (1967): Vorläufiger Bericht über Untersuchungen fluviatiler Terrassen im Tibesti-Gebirge. Berliner Geogr. Abh., Heft 5, S. 39-49, 7 Profile, 4 Abb. Berlin. (A)

JÄKEL, D. (1971): Erosion und Akkumulation im Enneri Bardagué-Arayé des Tibesti-Gebirges (zentrale Sahara) während des Pleistozäns und Holozäns. Berliner Geogr. Abh., Heft 10, 52 S. Berlin. (Mo)

JÄKEL, D.; SCHULZ, E. (1972): Spezielle Untersuchungen an der Mittelterrasse im Enneri Tabi, Tibesti-Gebirge. Zeitschr. f. Geomorph., N. F., Suppl.-Bd. 15, S. 129-143. Stuttgart. (A)

JANKE, R. (1969): Morphographische Darstellungsversuche in verschiedenen Maßstäben. Kartographische Nachrichten, Jg. 19, H. 4, S. 145-151. Gütersloh (A)

JANNSEN, G. (1969): Einige Beobachtungen zu Transport- und Abflußvorgängen im Enneri Bardagué bei Bardai in den Monaten April, Mai und Juni 1966. Berliner Geogr. Abh., Heft 8, S. 41-46, 3 Fig., 3 Abb. Berlin. (A)

JANNSEN, G. (1970): Morphologische Untersuchungen im nördlichen Tarso Voon (Zentrales Tibesti). Berliner Geogr. Abh., Heft 9, 36 S. Berlin. (Mo)

JANNSEN, G. (1972): Periglazialerscheinungen in Trockengebieten — ein vielschichtiges Problem. Zeitschr. f. Geomorph., N. F., Suppl.-Bd. 15, S. 167-176. Stuttgart. (A)

KAISER, K. (1967): Ausbildung und Erhaltung von Regentropfen-Eindrücken. In: Sonderveröff. Geol. Inst. Univ. Köln (Schwarzbach-Heft), Heft 13, S. 143-156, 1 Fig., 7 Abb. Köln. (A)

KAISER, K. (1970): Über Konvergenzen arider und „periglazialer" Oberflächenformung und zur Frage einer Trockengrenze solifluidaler Wirkungen am Beispiel des Tibesti-Gebirges in der zentralen Ostsahara. Abh. d. 1. Geogr. Inst. d. FU Berlin, Neue Folge, Bd. 13, S. 147-188, 15 Photos, 4 Fig., Dietrich Reimer, Berlin. (A)

KAISER, K. (1971): Beobachtungen über Fließmarken an leeseitigen Barchan-Hängen. Kölner Geogr. Arb. (Festschrift für K. KAYSER), 2 Photos, S. 65-71. Köln. (A)

KAISER, K. (1972): Der känozoische Vulkanismus im Tibesti-Gebirge. Berliner Geogr. Abh., Heft 16, S. 7-36. Berlin. (A)

KAISER, K. (1972): Prozesse und Formen der ariden Verwitterung am Beispiel des Tibesti-Gebirges und seiner Rahmenbereiche in der zentralen Sahara. Berliner Geogr. Abh., Heft 16, S. 59—92. Berlin. (A)

LIST, F. K.; STOCK, P. (1969): Photogeologische Untersuchungen über Bruchtektonik und Entwässerungsnetz im Präkambrium des nördlichen Tibesti-Gebirges, Zentral-Sahara, Tschad. Geol. Rundschau, Bd. 59, H. 1, S. 228-256, 10 Abb., 2 Tabellen. Stuttgart. (A)

LIST, F. K.; HELMCKE, D. (1970): Photogeologische Untersuchungen über lithologische und tektonische Kontrolle von Entwässerungssystemen im Tibesti-Gebirge (Zentrale Sahara, Tschad). Bildmessung und Luftbildwesen, Heft 5, 1970, S. 273-278. Karlsruhe.

MESSERLI, B. (1970): Tibesti — zentrale Sahara. Möglichkeiten und Grenzen einer Satellitenbild-Interpretation. Jahresbericht d. Geogr. Ges. von Bern, Bd. 49, Jg. 1967-69. Bern. (A)

MESSERLI, B. (1972): Formen und Formungsprozesse in der Hochgebirgsregion des Tibesti. Hochgebirgsforschung — High Mountain Research, Heft 2, S. 23-86. Univ. Vlg. Wagner. Innsbruck—München. (A)

MESSERLI, B. (1972): Grundlagen [der Hochgebirgsforschung im Tibesti]. Hochgebirgsforschung — High Mountain Research, Heft 2, S. 7-22. Univ. Vlg. Wagner. Innsbruck—München. (A)

MESSERLI, B.; INDERMÜHLE, D. (1968): Erste Ergebnisse einer Tibesti-Expedition 1968. Verhandlungen der Schweizerischen Naturforschenden Gesellschaft 1968, S. 139-142. Zürich. (M)

MESSERLI, B.; INDERMÜHLE, D.; ZURBUCHEN, M. (1970): Emi Koussi — Tibesti. Eine topographische Karte vom höchsten Berg der Sahara. Berliner Geogr. Abh., Heft 16, S. 138 bis 144. Berlin. (A)

MOLLE, H. G. (1969): Terrassenuntersuchungen im Gebiet des Enneri Zoumri (Tibestigebirge). Berliner Geogr. Abh., Heft 8, S. 23-31, 5 Fig. Berlin. (A)

MOLLE, H. G. (1971): Gliederung und Aufbau fluviatiler Terrassenakkumulationen im Gebiet des Enneri Zoumri (Tibesti-Gebirge). Berliner Geogr. Abh., Heft 13. Berlin. (Mo)

OBENAUF, K. P. (1967): Beobachtungen zur pleistozänen und holozänen Talformung im Nordwest-Tibesti. Berliner Geogr. Abh., Heft 5, S. 27-37, 5 Abh., 1 Karte. Berlin. (A)

OBENAUF, K. P. (1971): Die Enneris Gonoa, Toudoufou, Oudingueur und Nemagayesko im nordwestlichen Tibesti. Beobachtungen zu Formen und zur Formung in den Tälern eines ariden Gebirges. Berliner Geogr. Abh., Heft 12, 70 S. Berlin. (Mo)

PACHUR, H. J. (1967): Beobachtungen über die Bearbeitung von feinkörnigen Sandakkumulationen im Tibesti-Gebirge. Berliner Geogr. Abh., Heft 5, S. 23-25. Berlin. (A)

PACHUR, H. J. (1970): Zur Hangformung im Tibestigebirge (République du Tchad). Die Erde, Jg. 101, H. 1, S. 41-54, 5 Fig., 6 Bilder, de Gruyter, Berlin. (A)

PÖHLMANN, G. (1969): Eine Karte der Oase Bardai im Maßstab 1 : 4000. Berliner Geogr. Abh., Heft 8, S. 33-36, 1 Karte. Berlin. (A)

PÖHLMANN, G. (1969): Kartenprobe Bardai 1 : 25 000. Berliner Geogr. Abh., Heft 8, S. 36-39, 2 Abb., 1 Karte. Berlin. (A)

ROLAND, N. W. (1971): Zur Altersfrage des Sandsteines bei Bardai (Tibesti, Rép. du Tchad). 4 Abb. N. Jb. Geol. Paläont., Mh., S. 496-506. (A)

SCHOLZ, H. (1966): Beitrag zur Flora des Tibesti-Gebirges (Tschad). Willdenowia, 4/2, S. 183 bis 202. Berlin. (A)

SCHOLZ, H. (1966): Die Ustilagineen des Tibesti-Gebirges (Tschad). Willdenowia, 4/2, S. 203 bis 204. Berlin. (A)

SCHOLZ, H. (1966): Quezelia, eine neue Gattung aus der Sahara (Cruziferae, Brassiceae, Vellinae). Willdenowia, 4/2, S. 205-207. Berlin. (A)

SCHOLZ, H. (1971): Einige botanische Ergebnisse einer Forschungsreise in die libysche Sahara (April 1970). Willdenowia, 6/2, S. 341-369. Berlin. (A)

STOCK, P. (1972): Photogeologische und tektonische Untersuchungen am Nordrand des Tibesti-Gebirges, Zentralsahara, Tchad. Berliner Geogr. Abh., Heft 14. Berlin. (Mo)

STOCK, P.; PÖHLMANN, G. (1969): Ofouni 1 : 50 000. Geologisch-morphologische Luftbildinterpretation. Selbstverlag G. Pöhlmann, Berlin.

VILLINGER, H. (1967): Statistische Auswertung von Hangneigungsmessungen im Tibesti-Gebirge. Berliner Geogr. Abh., Heft 5, S. 51-65, 6 Tabellen, 3 Abb. Berlin. (A)

ZURBUCHEN, M.; MESSERLI, B. und INDERMÜHLE, D. (1972): Emi Koussi — eine Topographische Karte vom höchsten Berg der Sahara. Hochgebirgsforschung — High Mountain Research, Heft 2, S. 161-179. Univ. Vlg. Wagner. Innsbruck—München. (A)

Unveröffentlichte bzw. im Druck befindliche Arbeiten:

BÖTTCHER, U. (1968): Erosion und Akkumulation von Wüstengebirgsflüssen während des Pleistozäns und Holozäns im Tibesti-Gebirge am Beispiel von Misky-Zubringern. Unveröffentlichte Staatsexamensarbeit im Geomorph. Lab. der Freien Universität Berlin. Berlin.

BRIEM, E. (1971): Beobachtungen zur Talgenese im westlichen Tibesti-Gebirge. Dipl.-Arbeit am II. Geogr. Institut d. FU Berlin. Manuskript.

BRUSCHEK, G. (1969): Die rezenten vulkanischen Erscheinungen in Soborom, Tibesti, Rép. du Tchad, 27 S. und Abb. (Les Phénomenes volcaniques récentes à Soborom, Tibesti, Rép. du Tchad.) Ohne Abb. Manuskript. Berlin/Fort Lamy.

BRUSCHEK, G. (1970): Geologisch-vulkanologische Untersuchungen im Bereich des Tarso Voon im Tibesti-Gebirge (Zentrale Sahara). Diplom-Arbeit an der FU Berlin. 189 S., zahlr. Abb. Berlin.

BUSCHE, D. (1968): Der gegenwärtige Stand der Pedimentforschung (unter Verarbeitung eigener Forschungen im Tibesti-Gebirge). Unveröffentlichte Staatsexamensarbeit am Geomorph. Lab. der Freien Universität Berlin. Berlin.

BUSCHE, D. (1972): Die Entstehung von Pedimenten und ihre Überformung, untersucht an Beispielen aus dem Tibesti-Gebirge, République du Tchad. Unveröff. Diss. am FB 24 der FU Berlin. 208 S.

ERGENZINGER, P. (1971): Das südliche Vorland des Tibesti. Beiträge zur Geomorphologie der südlichen zentralen Sahara. Habilitationsschrift an der FU Berlin vom 28. 2. 1971. Manuskript 173 S., zahlr. Abb., Diagramme, 1 Karte (4 Blätter). Berlin.

GABRIEL, B. (1970): Die Terrassen des Enneri Dirennao. Beiträge zur Geschichte eines Trockentales im Tibesti-Gebirge. Diplom-Arbeit am II. Geogr. Inst. d. FU Berlin. 93 S. Berlin.

GABRIEL, B. (1972): Von der Routenaufnahme zum Gemini-Photo. — Die Tibestiforschung seit Gustav Nachtigal. Mit 5 Abb., 8 Karten und ausführlicher Bibliographie. Ca. 60 S., im Druck: Kartographische Miniaturen Nr. 5. Kiepert KG, Berlin.

GABRIEL, B. (1972): Zur Situation der Vorgeschichtsforschung im Tibestigebirge. In: E. M. Van Zinderen Bakker (ed.): Paleoecology of Africa (im Druck). (A)

GABRIEL, B. (1972): Zur Vorzeitfauna des Tibestigebirges. In: E. M. Van Zinderen Bakker (ed.): Paleoecology of Africa (im Druck). (A)

GEYH, M. A.; JÄKEL, D. (1972): Die spätpleistozäne und holozäne Klimageschichte Nordafrikas auf Grund zugänglicher 14-C-Daten (in Vorbereitung).

GRUNERT, J. (1970): Erosion und Akkumulation von Wüstengebirgsflüssen. — Eine Auswertung eigener Feldarbeiten im Tibesti-Gebirge. Hausarbeit im Rahmen der 1. (wiss.) Staatsprüfung für das Amt des Studienrats. Manuskript am II. Geogr. Institut der FU Berlin (127 S., Anlage: eine Kartierung im Maßstab 1 : 25 000).

HABERLAND, W. (1970): Vorkommen von Krusten, Wüstenlacken und Verwitterungshäuten sowie einige Kleinformen der Verwitterung entlang eines Profils von Misratah (an der libyschen Küste) nach Kanaya (am Nordrand des Erg de Bilma). Diplom-Arbeit am II. Geogr. Institut d. FU Berlin. Manuskript, 60 S.

HECKENDORFF, W. D. (1969): Witterung und Klima im Tibesti-Gebirge. Unveröffentlichte Staatsexamensarbeit am Geomorph. Labor der Freien Universität Berlin, 217 S. Berlin.

HECKENDORFF, W. D. (1972): Zum Klima des Tibesti-Gebirges. In: H. SCHIFFERS (Hrsg.): Die Sahara und ihre Randgebiete, Bd. III, Weltforum-Vlg., München. Im Druck.

HECKENDORFF, W. D. (1972): Eine Wolkenstraße im Tibesti-Gebirge. In: H. SCHIFFERS (Hrsg.): Die Sahara und ihre Randgebiete, Bd. III, Weltforum-Vlg., München. Im Druck.

INDERMÜHLE, D. (1969): Mikroklimatologische Untersuchungen im Tibesti-Gebirge. Dipl.-Arb. am Geogr. Institut d. Universität Bern.

JANKE, R. (1969): Morphographische Darstellungsversuche auf der Grundlage von Luftbildern und Geländestudien im Schieferbereich des Tibesti-Gebirges. Dipl.-Arbeit am Lehrstuhl f. Kartographie d. FU Berlin. Manuskript, 38 S.

KAISER, K. (1972): Das Tibesti-Gebirge in der zentralen Ostsahara und seine Rahmenbereiche. Geologie und Naturlandschaft. — In: SCHIFFERS, H. (Hrsg.): Die Sahara und ihre Randgebiete, Bd. III, 140 Manuskript-Seiten, 1 Karte und 1 Tab. je als Falttafel, 3 Karten und 9 Profile als Text-Fig., 40 Photos auf 6 Photo-Tafeln, Autoren-, Orts- und Sachregister, Weltforum-Verlag, München. Im Druck.

KAISER, K. (1972): Die Gonoa-Talungen im Tibesti-Gebirge der zentralen Ostsahara. Über Talformungsprozesse in einem Wüstengebirge. Ca. 50 S. Mskr., 1 Karte, 14 Fig., 12 Photos, 2 Tab. In Vorbereitung.

PACHUR, H. J. (1970): Zur spätpleistozänen und frühholozänen geomorphologischen Formung auf der Nordabdachung des Tibestigebirges. Im Druck.

PACHUR, H. J. (1972): Geomorphologische Untersuchungen in der Serir Tibesti. Habil.-Schrift am Fachbereich 24, Geowissenschaften, der FU Berlin.

SCHULZ, E. (1970): Bericht über pollenanalytische Untersuchungen quartärer Sedimente aus dem Tibesti-Gebirge und dessen Vorland. Manuskript am Geomorph. Labor d. FU Berlin.

SCHULZ, E. (1972): Pollenanalytische Untersuchungen pleistozäner und holozäner Sedimente des Tibesti-Gebirges (zentrale Sahara). In: E. M. Van Zinderen Bakker (ed.): Paleoecology of Africa (im Druck). (A)

STRUNK-LICHTENBERG, G.; OKRUSCH, M. und GABRIEL, B. (1972): Prähistorische Keramik aus dem Tibesti (Sahara). Physikalische und petrographische Untersuchungen. Vortrag auf der 50. Jahrestagung der Deutschen Mineralog. Gesellschaft, Karlsruhe. Zur Veröff. in: Zeitschr. der Deutschen Keramischen Gesellschaft.

TETZLAFF, M. (1968): Messungen solarer Strahlung und Helligkeit in Berlin und in Bardai (Tibesti). Dipl.-Arbeit am Institut f. Meteorologie d. FU Berlin.

VILLINGER, H. (1966): Der Aufriß der Landschaften im hochariden Raum. — Probleme, Methoden und Ergebnisse der Hangforschung, dargelegt aufgrund von Untersuchungen im Tibesti-Gebirge. Unveröffentlichte Staatsexamensarbeit am Geom. Labor der Freien Universität Berlin.

Arbeiten, in denen Untersuchungen aus der Forschungsstation Bardai in größerem Umfang verwandt worden sind:

KALLENBACH, H. (1972): Petrographie ausgewählter quartärer Lockersedimente und eisenreicher Krusten der libyschen Sahara. Berliner Geogr. Abh., Heft 16, S. 93-112. Berlin. (A)

KLAER, W. (1970): Formen der Granitverwitterung im ganzjährig ariden Gebiet der östlichen Sahara (Tibesti). Tübinger Geogr. Stud., Bd. 34 (Wilhelmy-Festschr.), S. 71-78. Tübingen. (A)

PACHUR, H. J. (1966): Untersuchungen zur morphoskopischen Sandanalyse. Berliner Geographische Abhandlungen, Heft 4, 35 S. Berlin.

REESE, D. (1972): Zur Petrographie vulkanischer Gesteine des Tibesti-Massivs (Sahara). Dipl.-Arbeit am Geol.-Mineral. Inst. d. Univ. Köln, 143 S.

SCHINDLER, P.; MESSERLI, B. (1972): Das Wasser der Tibesti-Region. Hochgebirgsforschung — High Mountain Research, Heft 2, S. 143-152. Univ. Vlg. Wagner. Innsbruck—München. (A)

SIEGENTHALER, U.; SCHOTTERER, U.; OESCHGER, H. und MESSERLI, B. (1972): Tritiummessungen an Wasserproben aus der Tibesti-Region. Hochgebirgsforschung — High Mountain Research, Heft 2, S. 153-159. Univ. Vlg. Wagner. Innsbruck—München. (A)

VERSTAPPEN, H. Th.; VAN ZUIDAM, R. A. (1970): Orbital Photography and the Geosciences — a geomorphological example from the Central Sahara. Geoforum 2, p. 33-47, 8 Fig. (A)

WINIGER, M. (1972): Die Bewölkungsverhältnisse der zentral-saharischen Gebirge aus Wettersatellitenbildern. Hochgebirgsforschung — High Mountain Research, Heft 2, S. 87-120. Univ. Vlg. Wagner. Innsbruck—München. (A)

WITTE, J. (1970): Untersuchungen zur Tropenakklimatisation (Orthostatische Kreislaufregulation, Wasserhaushalt und Magensäureproduktion in den trocken-heißen Tropen). Med. Diss., Hamburg 1970. Bönecke-Druck, Clausthal-Zellerfeld, 52 S. (Mo)

ZIEGERT, H. (1969): Gebel ben Ghnema und Nord-Tibesti. Pleistozäne Klima- und Kulturenfolge in der zentralen Sahara. Mit 34 Abb., 121 Taf. und 6 Karten, 164 S. Steiner, Wiesbaden.